流域水循环与水资源演变丛书

变化环境下不同时空尺度径流演变及其归因研究

张 强 刘剑宇 著

科学出版社

北 京

内 容 简 介

本书从关键水循环要素时空变化特征入手,利用多元气候弹性法定量识别全国流域尺度径流变化成因;通过推导 PnT 气候弹性法,模拟评估中国未来流域径流时空演变特征;提出气候季节性和非同步性指数(SAI),探讨全球主要大河流域水热耦合平衡对气候年内变化和植被动态的响应;系统评估全球不同时间尺度径流变化成因及主导因子。本书对深入探讨变化环境下水循环过程及水资源演变机理,理解变化环境下不同时空尺度径流演变及其成因具有重要理论意义。

本书可供国家相关部门及水文与水资源学、全球变化学、地理学科研机构研究人员参阅,也可供大专院校相关专业的师生借鉴和参考。

审图号:GS（2019）1038 号

图书在版编目（CIP）数据

变化环境下不同时空尺度径流演变及其归因研究 / 张强,刘剑宇著.
—北京:科学出版社,2019.6

（流域水循环与水资源演变丛书）

ISBN 978-7-03-061453-7

Ⅰ. ①变⋯　Ⅱ. ①张⋯　②刘⋯　Ⅲ. ①径流－研究－中国
Ⅳ. ①P331.3

中国版本图书馆 CIP 数据核字（2019）第 111886 号

责任编辑:周　丹　沈　旭　石宏杰 / 责任校对:杨聪敏
责任印制:师艳茹 / 封面设计:许　瑞

科 学 出 版 社 出版

北京东黄城根北街 16 号
邮政编码:100717
http://www.sciencep.com

北京画中画印刷有限公司印刷

科学出版社发行　各地新华书店经销

*

2019 年 6 月第 一 版　　开本:720×1000　1/16
2019 年 6 月第一次印刷　　印张:10 1/4
字数:207 000

定价:149.00 元

（如有印装质量问题,我社负责调换）

目　　录

第 1 章　绪　　论

近百年来，全球气候和环境发生了显著变化，其中以气候变暖为主要特征[1]。1880~2012 年，地球表面气温上升 0.85℃；预计到 21 世纪末，全球平均气温将升高 1.4~4.8℃，而中国平均气温将上升 1~5℃[2]。受气候变暖的影响，全球水循环加剧，极端气候水文事件频发，降水、径流和蒸发等关键水循环要素也发生巨大变化[3-9]。除气候变化外，人类活动（如农业灌溉、水库等水利工程建设、城市化等）也会对区域水循环产生较大的影响[10-17]。气候变化和人类活动是变化环境的两个重要体现和主要组成，其所带来的水文效应受到世界各国的广泛关注和重视[1, 18, 19]。径流是陆地水循环的关键环节，也是区域与全球水资源的重要组成。径流变化直接影响水资源的开发和利用，进而影响社会经济的发展[20]。近年来，变化环境下流域水循环及水资源演变研究已成为水科学的国际前沿，关键水循环要素变化检测与归因已成为国内外研究的热点与难点[3, 14, 21-27]。

《2015 年联合国世界水资源发展报告》指出，人口数量持续增长、城市化进程不断加快及气候变化加剧了全球供水压力。到 2015 年，全球仍有近 10 亿人口不能饮用安全水[27]。通过众多的国际水科学计划，如全球能量和水循环实验（GEWEX）、国际水文计划（IHP）、全球水系统计划（GWSP）及国际上有重要影响的联合国政府间气候变化专门委员会（IPCC）的最新技术报告等[28-30]，国际相关研究组织基于全球、区域及流域的多空间尺度与多学科交叉融合，对变化环境下水循环及水资源变化进行了系统研究。

我国是世界 13 个主要贫水国家之一，人均水资源占有量不足世界平均水平的 1/4。此外，我国人口、耕地与水资源的空间分布严重不均，进一步加剧了水资源供需矛盾。受气候变化和人类活动的影响，过去 30 年我国北方地区旱情加重，水环境恶化，南方地区洪涝灾害增多，严重制约了社会经济的可持续发展。未来气候变化将极有可能对我国水资源空间格局产生更为显著的影响。2006 年，国务院发布了《国家中长期科学和技术发展规划纲要（2006-2020 年）》，在面向国家重大战略需求的基础研究之四"全球变化与区域响应"中，指出了需要重点研究全球气候变化对中国水循环及水资源的影响，强调了大尺度水文循环对全球变化的响应及全球变化对区域水资源的影响。2011 年中央一号文件《关于加快水利改革发展的决定》提出实施最严格水资源管理制度。2014 年习近平总书记提出了"节水优先、空间均衡、系统治理、两手发力"治水新思路。未来随着我国"一带一路"

倡议的推进，势必对水资源安全提出新的更高的要求。当前国家关注的气候变化对水循环及水资源演变影响的关键科学问题包括：过去几十年来，我国关键水循环要素发生了怎样的变化；水资源变化的成因是什么；未来气候变化影响下水资源又将如何变化。解决这些问题是保障我国水资源安全的重要前提。

受全球气候变化和人类活动的影响，全球陆地水循环时空变异日趋剧烈，给区域与全球水循环和水资源安全带来严峻的挑战[29, 30]。同时，变化环境下区域与全球水循环和水资源变化响应在时空格局上存在明显差异。为准确把握水资源时空演变规律，保障社会经济发展的水资源安全，就必须评估水循环过程的时空变异特征，科学识别与定量评价不同区域、不同时空尺度径流演变对变化环境的响应，并预估气候变化影响下未来径流演变。因此，开展变化环境下区域与全球关键水循环要素时空变化检测，以及不同时间与空间尺度径流变化归因和未来径流时空演变预测的研究，对我国乃至全球不同地区水资源规划管理、水资源安全保障具有重要意义。

第2章   中国径流变化多元驱动因子分析

2.1   概　　述

陆地水循环和水资源变化对全球变化响应研究是当前全球变化、气象水文学研究热点与国际学术前沿[31, 32]。径流是陆地水循环的重要环节和水资源的主要组成，径流变化模拟与归因是水资源高效开发利用和水资源管理中最为基础也是最为核心的科学问题，更是难点问题。

目前，在评估径流变化对变化环境响应方面，主要有两类方法：基于水文模型模拟方法和基于 Budyko 假设的气候弹性法[11]。前者的优点是水文模型有一定机理性解释，且在从日到年不同时间尺度上，模型模拟有明显优势。但模型结构和参数的不确定性及流域内地形、土壤、植被和气候之间关系的复杂性等，影响了模型响应范围及模型变异性[33]。此外，模型模拟对数据质与量的要求较高，分布式模型尤其如此[34]，而并非所有流域均有如此完备的数据。基于 Budyko 假设的气候弹性法较传统的统计方法具有明显物理意义，且计算过程相对简单，参数较易获取，在年及多年时间尺度上，是一种理想的分析方法[35]，已被广泛应用于流域径流变化归因研究[36, 37]。

流域径流变化归因分析在具体流域尺度上已有较多研究。众学者对中国各大江河流域径流变化进行了归因分析，如长江流域[38-41]、岷江流域[42]、鄱阳湖流域[10, 43, 44]、东江流域[45]、淮河流域[46]。所用的研究方法较多，有统计方法，如线性回归法[38, 41]、双累积曲线法[42, 47]，有气候弹性方法[36, 37]，有水文模型模拟方法[45, 48, 49]等。也有部分研究综合运用统计方法、水文模型模拟方法及气候弹性法等[10, 19, 28]。相关研究在黄河流域[50-55]、海河流域[37, 56]、西北地区[28, 57, 58]、西南地区[49]等也有较多开展。

上述研究对于理解具体流域径流变化成因具有重要意义。然而，由于以往研究运用的方法不同，选择的研究时段不同，难以进行全国尺度对比分析。事实上，也有少量在全国尺度探讨气候变化对径流变化影响的研究，如 Yang 等[59]基于 Budyko 水热耦合平衡方程，针对中国 210 个子流域，评估气候变化（降水、蒸发）对径流变化率的影响。而已有研究主要针对的是气候变化的影响，对于人类活动和下垫面变化等其他因子对径流变化的影响，并未开展定量研究，缺乏径流对其他因子响应的系统评估。同时，在运用 Budyko 水热耦合平衡方程开展相关研究时，考虑不同气象因子对径流变化的影响尚小[60]，如净辐射、气温、相对湿度等。已有诸多研究表明[61, 62]，联合国粮食及农业组织（Food and Agriculture Organization of the United Nations，FAO）修正的 Penman-Monteith 公式适用于不同气候类型区潜在蒸散发量计算及气候变化对水循环影响研究。因此，可以尝试以 FAO 修正的 Penman-Monteith 公式来推导蒸发相关因子 [最高气温（T_{max}）、最低气温（T_{min}）、净辐射（R_n）、风速（U_2）和相对湿度（RH）] 对径流的弹性系数，发展多元气候弹性法，定量评估多元驱动因子对中国径流变化的影响。

鉴于径流变化归因分析研究现状，结合变化环境下我国水资源时空变化特征、机理及归因研究的实际需求，利用我国水资源 10 大流域片区 372 个水文站点的月径流数据，基于 Budyko 水热耦合平衡方程，并结合 FAO 修正的 Penman-Monteith 公式，进一步推求净辐射、最高气温、最低气温、风速、相对湿度 5 个蒸发相关因子对径流变化的弹性系数，系统评估我国各径流变化成因。本书对全面而深入探讨变化环境下水循环过程及水资源演变机理、理解气候变化和人类活动对我国各大流域径流演变相对贡献具有重要的理论意义，对于我国水资源规划管理、防灾减灾及保障水资源安全具有重要的现实意义。

2.2　数据和方法

2.2.1　研究数据

本章搜集了全国 372 个水文站点 1960～2000 年月径流数据（图 2-1），另外再收集其中的 41 个主要河流代表水文站点 2001～2014 年径流数据，径流数据来源于水利部数据中心。数据缺测率小于 1%，缺测值采用前后 7 年滑动平均值进行插值。同时收集了我国气象局 1960～2014 年的 815 个气象站的常规观测数据（图 2-1），每个站点包括降水量、最高气温、最低气温、相对湿度、风速等 12 个气象指标。全国共分为 10 大流域片区（图 2-1）：珠江流域（PR）、长江流域（YZR）、东南诸河（SER）、西南诸河（SWR）、淮河流域（HuR）、海河流域（HR）、黄河流域（YR）、辽河流域（LR）、松花江流域（SHR）和西北诸河（NWR）。

基于美国地质调查局 1km 空间分辨率高程数据，提取 10 大流域片区 372 个水文站点对应的集水范围（子流域）（图 2-1）。采用反距离权重法对降水（P）、净辐射、最高气温、最低气温、风速和相对湿度进行空间插值。各气象要素插值到 100m×100m 的网格上，再利用 ArcGIS 中 Zonal Histogram 工具提取每个子流域相应气象要素面平均值。我国 10 大流域片区气象水文数据气象水文数据多年平均值见表 2-1。

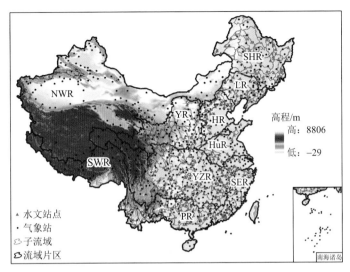

图 2-1　我国气象站、水文站点和主要流域片区分布图

表 2-1　我国 10 大流域片区气象水文数据多年平均值（1960～2000 年）

流域片区	简称	降水/mm	潜在蒸发/mm	最高气温/℃	最低气温/℃	相对湿度/%	净辐射/[MJ/(m²·d)]	风速/(m/s)	径流深/mm
珠江流域	PR	1512	1205	24.1	15.6	78.7	10.4	1.8	838
长江流域	YZR	1236	1071	19.9	10.9	76.4	9.7	1.9	644
东南诸河	SER	1597	1105	22.6	13.7	79.5	10.0	2.0	902
西南诸河	SWR	913	1152	18.9	6.6	66.7	10.0	2.0	453
淮河流域	HuR	889	1098	19.3	9.8	71.4	8.9	2.8	277
海河流域	HR	507	1020	14.4	1.9	58.1	7.9	2.8	136
黄河流域	YR	490	997	13.3	0.5	60.4	8.6	2.4	111
辽河流域	LR	581	991	13.3	1.2	59.8	7.5	2.8	140
松花江流域	SHR	523	811	8.7	−4.1	66.0	6.9	2.9	145
西北诸河	NWR	198	1036	13.1	−1.2	51.7	8.0	2.2	81
均值		845	1049	16.8	5.5	66.9	8.8	2.4	373

　　另外，收集到截至 2000 年的 475 座大型水库的建库时间、库容及位置等信息。基于中国科学院资源环境科学数据中心（http://www.resdc.cn）的全国 2000 年国内生产总值（gross domestic product，GDP）、人口密度的 1km×1km 空间分布网格数据及 2000 年土地利用现状数据，提取各子流域水库库容、人口密度和 GDP 密度等数据（图 2-2）。

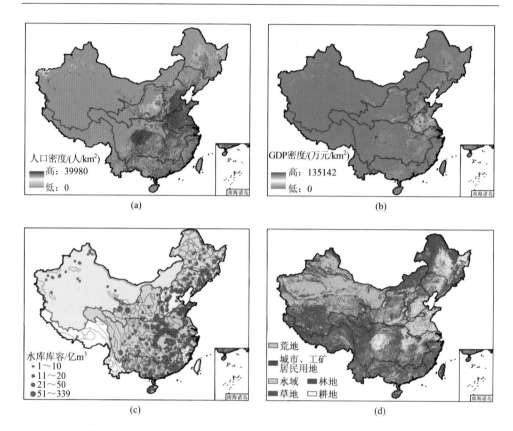

图 2-2　我国 2000 年人口密度、GDP 密度、水库库容与土地利用数据

2.2.2　气候弹性法

1）各因子弹性系数分解

Budyko[63]认为在较长时间尺度上，流域蒸发量是流域降水和潜在蒸发的函数。Yang 等[64]基于 Budyko 假设，推导出流域水热耦合平衡方程，表达式如下：

$$E = \frac{PE_0}{(P^n + E_0^n)^{1/n}}$$ 　　　　　（2-1）

式中，E 为实际蒸发（mm）；P 为降水（mm）；E_0 为潜在蒸发（mm）；n 为水热耦合方程的控制参数（在傅抱璞公式中为 w，又称为"下垫面参数""其他因子"），可利用最小均方根误差求算。根据流域多年平均的水量平衡方程，$R = P - E$，可得 $R = f(P, E_0, n)$。径流变化可以表示为以下全微分方程：

$$dR = \frac{\partial f}{\partial P}dP + \frac{\partial f}{\partial E_0}dE_0 + \frac{\partial f}{\partial n}dn$$ 　　　　　（2-2）

$$\frac{\mathrm{d}R}{R} = \left(\frac{\partial f}{\partial P} \frac{P}{R} \right) \frac{\mathrm{d}P}{P} + \left(\frac{\partial f}{\partial E_0} \frac{E_0}{R} \right) \frac{\mathrm{d}P}{E_0} + \left(\frac{\partial f}{\partial n} \frac{n}{R} \right) \frac{\mathrm{d}n}{n} \tag{2-3}$$

$$\frac{\mathrm{d}R}{R} = \varepsilon_P \frac{\mathrm{d}P}{P} + \varepsilon_{E_0} \frac{\mathrm{d}E_0}{E_0} + \varepsilon_n \frac{\mathrm{d}n}{n} \tag{2-4}$$

式中，$\varepsilon_P = \dfrac{\partial f}{\partial P} \dfrac{P}{R}$，$\varepsilon_{E_0} = \dfrac{\partial f}{\partial E_0} \dfrac{E_0}{R}$，$\varepsilon_n = \dfrac{\partial f}{\partial n} \dfrac{n}{R}$，$\varepsilon_P$、$\varepsilon_{E_0}$、$\varepsilon_n$ 分别为降水、潜在蒸发和控制参数 n 对径流变化的弹性系数。

Roderick 等[65]根据蒸发皿蒸发 E_p 公式导出气象因子对蒸发皿蒸发贡献率的微分方程：

$$\mathrm{d}E_p \approx \frac{\partial E_p}{\partial R_n} \mathrm{d}R_n + \frac{\partial E_p}{\partial U_2} \mathrm{d}U_2 + \frac{\partial E_p}{\partial D} \mathrm{d}D + \frac{\partial E_p}{\partial T} \mathrm{d}T \tag{2-5}$$

式中，D 为 2m 高度处水汽压差。

Yang H 和 Yang D[60]基于 Penman 方程，推出净辐射、气温、风速、相对湿度对潜在蒸发全微分方程：

$$\mathrm{d}E_0 \approx \frac{\partial E_p}{\partial R_n} \mathrm{d}R_n + \frac{\partial E_0}{\partial T} \mathrm{d}T + \frac{\partial E_0}{\partial U_2} \mathrm{d}U_2 + \frac{\partial E_0}{\partial \mathrm{RH}} \mathrm{d}\mathrm{RH} \tag{2-6}$$

由于 FAO 修正的 Penman-Monteith 公式[66]适用于不同气候类型区潜在蒸散发量计算及气候变化对水循环的影响研究[62]，因此本章基于 FAO 修正的 Penman-Monteith 公式，推求多元气象因子对径流变化的影响。FAO 修正的 Penman-Monteith 公式为[66]

$$E_0 = \frac{0.408\Delta(R_n - G) + \gamma \dfrac{900}{T_{\mathrm{mean}} + 273} U_2(\mathrm{vp_s} - \mathrm{vp})}{\Delta + \gamma(1 + 0.34U_2)} \tag{2-7}$$

式中，E_0 为潜在蒸发（mm）；R_n 为净辐射[MJ/(m²·d)]；G 为土壤热通量[MJ/(m²·d)]；T_{mean} 为日平均气温（℃）；U_2 为 2m 高度处风速（m/s）；$\mathrm{vp_s}$ 为饱和水汽压（kPa）；vp 为实际水汽压（kPa）；Δ 为饱和水汽压曲线斜率（kPa/℃）；γ 为干湿常数。最高气温与最低气温在 FAO 修正的 Penman-Monteith 公式中相互独立，有必要分开计算各自对潜在蒸发和径流变化的影响[62]。基于 FAO 修正的 Penman-Monteith 公式，各蒸发因子变化对潜在蒸发变化的全微分方程可分解为

$$\mathrm{d}E_0 \approx \frac{\partial E_p}{\partial R_n} \mathrm{d}R_n + \frac{\partial E_0}{\partial T_{\max}} \mathrm{d}T_{\max} + \frac{\partial E_0}{\partial T_{\min}} \mathrm{d}T_{\min} + \frac{\partial E_0}{\partial U_2} \mathrm{d}U_2 + \frac{\partial E_0}{\partial \mathrm{RH}} \mathrm{d}\mathrm{RH} \tag{2-8}$$

$$\frac{\mathrm{d}E_0}{E_0} \approx \left(\frac{R_n}{E_0} \frac{\partial E_0}{\partial R_n} \right) \frac{\mathrm{d}R_n}{R_n} + \left(\frac{T_{\max}}{E_0} \frac{\partial E_0}{\partial T_{\max}} \right) \mathrm{d}T_{\max} + \left(\frac{T_{\min}}{E_0} \frac{\partial E_0}{\partial T_{\min}} \right) \mathrm{d}T_{\min}$$

$$+\left(\frac{U_2}{E_0}\frac{\partial E_0}{\partial U_2}\right)\frac{\mathrm{d}U_2}{U_2}+\left(\frac{\mathrm{RH}}{E_0}\frac{\partial E_0}{\partial \mathrm{RH}}\right)\frac{\mathrm{dRH}}{\mathrm{RH}} \tag{2-9}$$

结合 Budyko 水热耦合平衡方程，导出降水、其他因子、净辐射、最高气温、最低气温、风速和相对湿度对径流变化的全微分方程：

$$\frac{\mathrm{d}R}{R}=\varepsilon_P\frac{\mathrm{d}P}{P}+\varepsilon_n\frac{\mathrm{d}n}{n}+\varepsilon_{R_n}\frac{\mathrm{d}R_n}{R_n}+\varepsilon_{T_{\max}}\frac{\mathrm{d}T_{\max}}{T_{\max}}+\varepsilon_{T_{\min}}\frac{\mathrm{d}T_{\min}}{T_{\min}}+\varepsilon_{U_2}\frac{\mathrm{d}U_2}{U_2}+\varepsilon_{\mathrm{RH}}\frac{\mathrm{dRH}}{\mathrm{RH}}$$

$$\tag{2-10}$$

式中，$\varepsilon_P=\frac{\partial f}{\partial P}\frac{P}{R}$，$\varepsilon_n=\frac{\partial f}{\partial n}\frac{n}{R}$，$\varepsilon_{R_n}=\varepsilon_{E_0}\frac{R_n}{E_0}\frac{\partial E_0}{\partial R_n}$，$\varepsilon_{T_{\max}}=\varepsilon_{E_0}\frac{T_{\max}}{E_0}\frac{\partial E_0}{\partial T_{\max}}$，$\varepsilon_{T_{\min}}=\varepsilon_{E_0}\frac{T_{\min}}{E_0}\frac{\partial E_0}{\partial T_{\min}}$，$\varepsilon_{U_2}=\varepsilon_{E_0}\frac{U_2}{E_0}\frac{\partial E_0}{\partial U_2}$，$\varepsilon_{\mathrm{RH}}=\varepsilon_{E_0}\frac{\mathrm{RH}}{E_0}\frac{\partial E_0}{\partial \mathrm{RH}}$。$\varepsilon_P$、$\varepsilon_n$、$\varepsilon_{R_n}$、$\varepsilon_{T_{\max}}$、$\varepsilon_{T_{\min}}$、$\varepsilon_{U_2}$、$\varepsilon_{\mathrm{RH}}$ 分别是降水、其他因子、净辐射、最高气温、最低气温、风速和相对湿度对径流变化的弹性系数，无量纲，便于径流变化对不同因子敏感度的对比。

2）各因子对径流变化的相对贡献率

根据式（2-10），可得各因子对径流变化的影响量公式：

$$\Delta R_x=\varepsilon_x\frac{R}{x}\Delta x \tag{2-11}$$

式中，R 为多年平均年径流量；x 为径流变化的某一影响因子，包括降水、其他因子、净辐射、最高气温、最低气温、风速和相对湿度；ε_x 为各因子对径流变化的弹性系数；ΔR_x 为相应因子对径流变化的影响量。

Tan 和 Gan[13]采用 Budyko 水热耦合平衡方程对加拿大径流变化进行归因分析，认为控制参数的变化对径流的影响包括下垫面变化和人类活动等其他因子的影响。

气候变化通过改变降水、气温、相对湿度等气象因子对径流变化产生影响。因此，各气象因子对径流变化影响量之和，即为气候变化对径流变化的影响量。气候变化和其他因子对径流变化的相对贡献率可用式（2-12a）和式（2-12b）表示：

$$\delta R_{\mathrm{clim}}=\frac{\Delta R_{\mathrm{clim}}}{\Delta R_{\mathrm{clim}}+\Delta R_{\mathrm{other}}}\times100\% \tag{2-12a}$$

$$\delta R_{\mathrm{other}}=\frac{\Delta R_{\mathrm{other}}}{\Delta R_{\mathrm{clim}}+\Delta R_{\mathrm{other}}}\times100\% \tag{2-12b}$$

式中，$\Delta R_{\mathrm{clim}}+\Delta R_{\mathrm{other}}$ 为气候变化和其他因子影响量的绝对值之和；δR_{clim} 和 $\delta R_{\mathrm{other}}$ 分别为气候变化和其他因子对径流变化的相对贡献率（%）。

2.2.3　径流序列趋势突变检验方法

1）Mann-Kendall 趋势检验

采用 Mann-Kendall 趋势检验[25]（以下简称 M-K 检验）和 Sen 坡度估计法[1]对关键水文要素进行趋势分析。M-K 检验主要用来评估水文气象要素时间序列的趋势，因适用范围广、结论客观、定量化程度高而得到广泛应用。其检验统计量公式为

$$S = \sum_{i=2}^{m}\sum_{j=1}^{i-1}\mathrm{sign}(X_i - X_j) \qquad (2\text{-}13)$$

式中，sign 为符号函数；X_i 为 m 个元素组成的随机变量，$X_j(j = i+1, i+2, \cdots)$ 为其后的变量。

在时间序列随机独立假设下，定义统计量

$$\mathrm{UF}_k = \begin{cases} 0 & k = 0 \\ \dfrac{d_k - E(d_k)}{\sqrt{\mathrm{Var}(d_k)}} & 2 \leqslant k \leqslant m \end{cases} \qquad (2\text{-}14)$$

式中，d_k 为秩序列；UF_k 为标准正态分布，在给定显著性水平 α_0 条件下，查正态分布表得临界值 t_0，若 $\mathrm{UF}_k > t_0$，表明序列趋势显著，所有的 UF_k 组成曲线 $C1$。同样的步骤应用在反序列中，得到曲线 $C2$。将统计量曲线 $C1$、$C2$ 及 $\pm t_0$ 两条直线绘制在同一坐标上，若 $C1 > 0$，则时间序列呈上升趋势，若 $C1 < 0$，则序列呈下降趋势；当 $C1$ 超过临界值直线时，表明上升或者下降趋势显著，当 $C1$、$C2$ 两条曲线出现交点，则交点处可能为变异点。

确定了序列变化趋势后，采用 Sen 坡度估计法计算变化趋势大小。Sen 坡度估计法以样本在不同长度的变化率构造秩序列，基于一定显著性水平 α 进行检验，得到斜率取值区间，并以中值判断序列变化趋势及程度。Sen 坡度估计法能很好地避免或降低数据缺失及异常对统计结果影响，故被广泛应用于估计水文气象时间序列的趋势显著性估计。序列自相关性对趋势检验产生较大影响，在进行趋势检验之前对序列进行"预白化"处理[67]，对于自相关系数达到 0.05 显著性水平的序列，采用自由预白化方法去除序列自相关。

2）突变检验

不同突变点检验结果可能存在差异，本章选用多个突变点检验方法进行综合判定。Killick 和 Eckley[68]于 2014 年开发"changepoint"包，提出基于似然函数框架的 AMOC 检验具有较大灵活性，可以克服序列正态分布假设的限制。Villarini 等[69]认为 Pettitt 检验对异常值不敏感的特点适合运用于突变点检验。刘剑宇等[70]

对比 8 种常用突变检验方法，认为有序聚类检验能有效检测出径流变化突变点。因此，本章采用 AMOC 检验、Pettitt 检验、有序聚类检验 3 种方法对年径流序列进行突变检验，取多数方法检验一致且非处在序列两端的变异点作为最终突变点。

2.3 关键水循环要素时空变化

2.3.1 时间序列分割点确定

为便于对比全国不同流域片区径流变化驱动因子的差异，本章拟采用统一的时间点分割径流序列。一般以流域水库平均建成时间[71]或各站点径流序列平均突变时间[72]作为整个研究区水文站点径流序列的分割点。图 2-3 为全国 10 大流域片区 475 座大型水库建成时间与全国 372 个水文站点年径流序列突变时间箱线图。

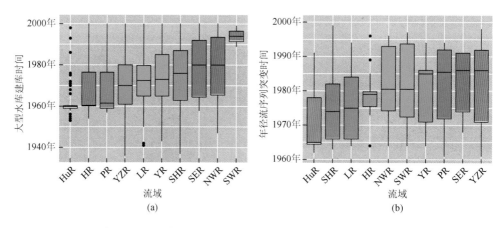

图 2-3　全国 10 大流域片区 475 座大型水库建成时间与全国 372 个水文站点
年径流序列突变时间箱线图

图中的·表示异常值

从图 2-3（a）可以看出，大多数流域片区（除 SWR 以外），水库建成时间的 50%或 75%分位数分布在 1980 年或 1980 年之前，全国大型水库平均建成时间为 1972 年。图 2-3（b）为全国 372 个水文站点径流序列突变点检测结果，各流域片区径流序列突变时间的 50%分位数多数分布在 1980 年之前，所有水文站径流序列平均突变时间为 1980 年。从经济发展方面来看，1980 年是我国改革开放初期，工农业生产及满足工农业发展的水利工程建设开始迅速发展，许多流域年径流量变化表现出明显减少趋势[73]。综上考虑，本章采用 1980 年为径流序列分割点，将径流时间序列分割为时段 1（1960～1979 年）和时段 2（1980～2000 年）。

2.3.2　变化趋势分析

图 2-4 为 1960～2000 年降水、最高气温、最低气温、相对湿度、净辐射和风速 MMK 趋势值及 372 个子流域相应要素时段 2 相对时段 1 的变化量空间分布图。

由图 2-4 (a) 可知，降水变化趋势的空间分异特征明显，黄河流域、海河流域、辽河流域南部、长江流域中部及珠江流域中部等地区降水量呈下降或者显著下降趋势，部分子流域时段 2 面平均降水量相对时段 1 的减少量超过 10%。其他区域年降水量以增加趋势为主，尤其是松花江流域、鄱阳湖流域的部分子流域面降水量增幅超过 10%。

最高气温 [图 2-4 (b)] 的变化趋势南北分异明显，北方大部分地区呈增加趋势，南方大部分地区呈减少或显著减少趋势。最低气温 [图 2-4 (c)] 在东北地区、华北地区出现增加或显著增加趋势，除华中地区少量子流域外，时段 2 相对时段 1 的变化均表现为增加趋势。相对湿度 [图 2-4 (d)] 在南方大部分地区以增加趋

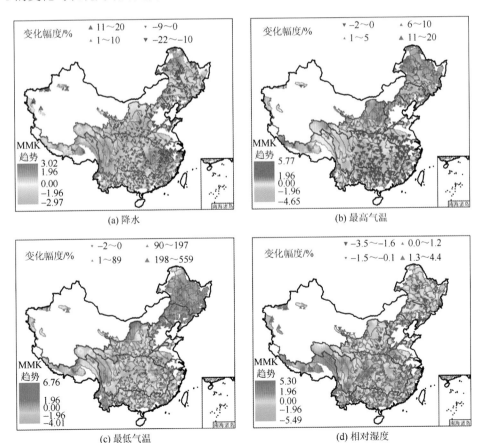

(a) 降水

(b) 最高气温

(c) 最低气温

(d) 相对湿度

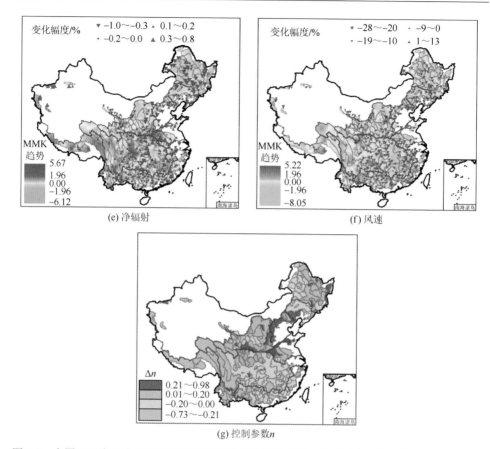

(g) 控制参数 n

图 2-4 全国 372 个子流域关键水循环要素变化趋势及时段 2 相对时段 1 的变化量空间分布图

势为主，其中长江流域西部、西南诸河片区北部增加趋势显著。净辐射 [图 2-4（e）] 在南方地区以增加趋势为主，而在北方地区以减少趋势为主，各子流域净辐射变化幅度在−1%～0.8%，变化较小。风速 [图 2-4（f）] 除少量子流域面增加以外，其他绝大多数子流域面平均风速均减少。

对于控制参数 n 时段 2 相对时段 1 的变化 [图 2-4（g）]，松花江流域西部、长江中下游地区的绝大多数子流域及珠江流域中部的部分子流域表现为减小，其他大部分子流域表现为增加，尤其在黄河流域、海河流域增加最为明显，部分子流域增加值在 0.21～0.98，表明这些区域时段 2 中减少径流量的人类活动、下垫面变化等其他因子影响更为频繁。

图 2-5 为最小月平均径流、最大月平均径流、径流系数和年平均径流变化趋势图。从图 2-5（a）可以看出，最小月平均径流在珠江流域、长江流域、东南诸河和西北诸河以增加趋势为主，其中长江流域、东南诸河和西北诸河的部分子流域最小月平均径流增加趋势达到 5%显著性水平。

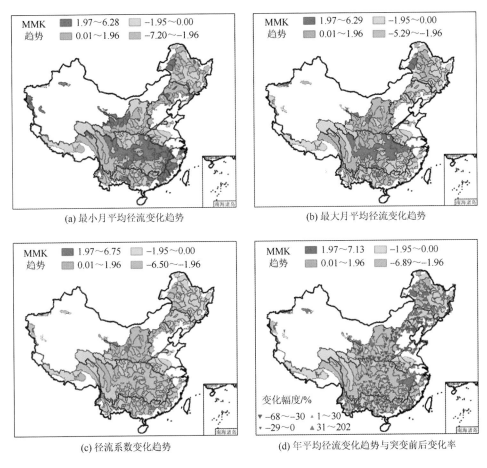

(a) 最小月平均径流变化趋势　　　　　　　(b) 最大月平均径流变化趋势

(c) 径流系数变化趋势　　　　　　　(d) 年平均径流变化趋势与突变前后变化率

图 2-5　水文要素变化趋势空间分布图

最大月平均径流变化趋势 [图 2-5（b）] 和最小月平均径流变化趋势存在较大的空间差别，黄河流域、东南诸河最大月平均径流变化以减少趋势为主，其中黄河流域的大部分子流域最大月平均径流呈现显著减少趋势。

径流系数变化趋势 [图 2-5（c）] 与控制参数 n 的变化空间分布格局相反：径流系数变化趋势在北方地区以增加趋势为主，在南方地区以减少趋势为主；而控制参数 n 的变化在北方地区以减少为主，在南方地区以增加为主。

为了明确控制参数 n 变化与径流系数变化趋势之间的关系，这里绘制了两者之间的关系图（图 2-6）。图 2-6 显示，径流系数变化趋势与控制参数 n 变化存在显著的负相关关系（$R^2 = 0.491$，$p < 0.0001$）。因此，可以初步认为：控制参数是径流变化的重要原因之一。

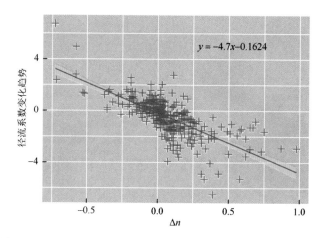

图 2-6　全国 372 流域控制参数 n 变化与径流系数变化趋势的关系

　　年平均径流［图 2-5（d）］的空间变化与降水［图 2-4（a）］较为相似，表明降水变化对径流变化影响明显。年平均径流在松花江流域东部、辽河流域、海河流域和黄河流域的大多数子流域表现为减少趋势，尤其是黄河流域、海河流域的大多数子流域减少趋势显著，部分子流域径流深减小量超过 31mm。增加趋势主要集中在长江流域、珠江流域、东南诸河、西南诸河和西北诸河的大多数子流域，其中长江流域中下游、西北诸河部分子流域呈显著增加趋势。总体而言，北方地区流域年径流量以减少趋势为主，南方地区以增加趋势为主。

　　值得注意的是，尽管径流量空间变化与降水空间变化较为一致，但却不完全吻合。例如，在松花江流域东部的子流域降水表现为增加，相反，径流深却表现为减小；又如，黄河源头区域的降水表现为增加而径流深却表现为减少。值得注意的是，该两处控制参数 n 均明显增加，表明人类活动和下垫面变化等其他因子减少径流的效果更为明显。因此，径流量变化不仅受降水变化等气象因子的影响，还受其他因子的影响。

2.4　各因子对径流变化的弹性系数及贡献率

2.4.1　弹性系数

　　弹性系数绝对值大小反映流域径流变化对该因子变化的敏感程度[37]。从图 2-7 可知，不同流域径流变化对各因子的敏感程度存在明显差异。松花江流域、辽河流域、海河流域、黄河流域、淮河流域的大多数子流域径流对降水的弹性系数在 1.62～4.84（平均值为 2.24），表明这些流域降水量增加 10%将导致径流量平均增加 22.4%。而长江流域、珠江流域、西南诸河、西北诸河、东南诸河的大部分地区降水弹性系数在 1.05～1.61（平均为 1.57）。北方大部分子流域径流对其他因子（控制参数 n）弹性系数在 -5.07～-1.46（平均值为 -1.58），表明控制参数 n 增加 10%，径流量将平均减少 15.8%。

径流变化对降水、相对湿度的弹性系数均为正 [图 2-7（a）、图 2-7（d）]，表明降水、相对湿度对径流变化有正向驱动作用。径流变化对最高气温、最低气温、净辐射、风速和其他因子变化对径流变化的弹性系数为负 [图 2-7（b）、图 2-7（c）、图 2-7（e）～图 2-7（g）]，表明这些因子对径流变化有负驱动作用。径流变化对最低气温的弹性系数在西北、东北部分地区表现异常，这是由这些区域多年平均最低气温低于 0℃所致。

相对湿度的增加，流域蒸散发减少，进而使得产汇流损失减少，径流增加；相反，净辐射的增强，气温的升高及风速的增加，使得流域蒸散发量增加，进而导致径流量减少。控制参数 n 的变化表征气候变化和下垫面变化对径流变化的影响[64]，控制参数 n 增大，流域植被覆盖率增加或人类活动影响增强，流域实际蒸发增加，径流减少。

径流变化对降水和其他因子更为敏感，其中辽河流域径流变化对降水最为敏感，西北诸河对其他因子最为敏感。总体而言，北方地区径流变化对各因子的弹性系数明显大于南方地区，表明气候相对干燥地区径流变化对气候变化和其他因子更为敏感。径流对各因子的敏感度为：降水＞其他因子＞相对湿度＞净辐射＞最高气温＞风速＞最低气温。Yang H 和 Yang D[60]结合 Budyko 水热耦合平衡方程和 Penman 方程，评估不同气象因子对黄河流域和海河流域径流变化的影响，研究结果表明径流变化对降水、气温、净辐射、风速和相对湿度的平均弹性系数分别为 1.6～3.9、-0.11～-0.02、-1.9～-0.3、-0.8～-0.1 和 0.2～1.9，与本章研究结果基本一致（图 2-7）。尽管如此，本章结果与 Yang H 和 Yang D[60]的发现仍存在一定差异，这是由于对比时段存在差别，此外蒸发因子对径流的弹性系数分解也是基于不

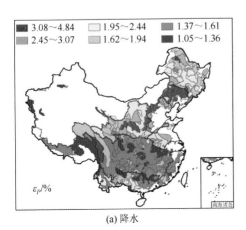

(a) 降水

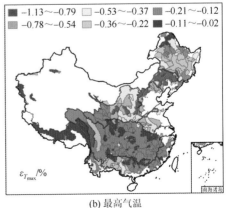

(b) 最高气温

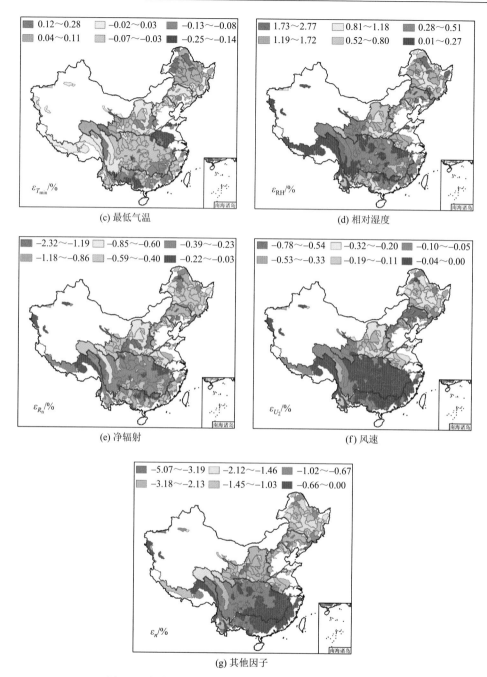

图 2-7　径流变化对不同影响因子的弹性系数空间分布

同的潜在蒸发模型。另外，在 Yang H 和 Yang D[60]的研究中，气温的弹性系数为气温变化 1℃径流变化的百分数，与本书定义有所差别，故气温的弹性系数差别较大。

2.4.2　各因子对径流变化的影响

将全国 372 个水文站点多年尺度模拟径流变化量（$\Delta R_P + \Delta R_n + \Delta R_{R_n} + \Delta R_{T_{max}} + \Delta R_{T_{min}} + \Delta R_{U_2} + \Delta R_{RH}$）与实测径流变化量对比，如图 2-8 所示，模拟径流变化量与实测径流变化量拟合程度较高，两者的相关系数为 0.998，模拟径流变化量与实测径流变化量平均相差 0.56mm，平均误差率为 6.24%。因此，Bydyko 水热耦合平衡方程适合应用于本书研究。

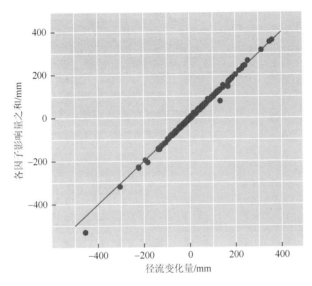

图 2-8　全国 372 个水文站点多年尺度模拟径流与实测径流对比

各因子变化对径流变化影响空间差异性较大（图 2-9）。由图 2-9（a）可知，降水变化增加松花江流域、长江流域中下游、珠江流域东部、东南诸河、西南诸河和西北诸河大多数子流域年径流量，尤其在长江流域下游地区，由于降水径流量大幅度增加，部分站点增加径流深超过 81mm。在辽河流域南部、海河流域、黄河流域、淮河流域、珠江流域中西部，由于降水量变化，大多数水文站点年径流量减少，其中黄河流域、海河流域、长江流域中部及珠江流域中部地区降水减少径流深达 40mm 以上。

最高气温［图 2-9（b）］增加南方大多数地区站点年径流量，对北方地区径流变化基本上表现为减少作用。最低气温［图 2-9（c）］除对中部地区少量子流域径流有增加作用外，在其他区域的径流变化均表现为减少作用。相对湿度［图 2-9（d）］

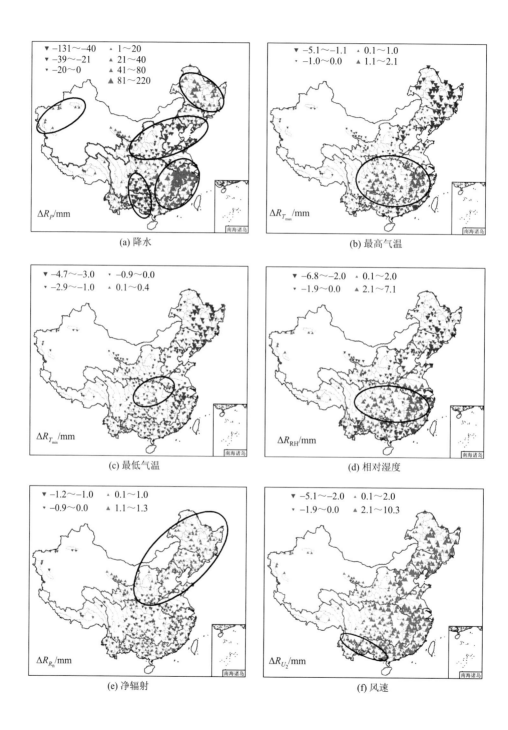

(a) 降水

(b) 最高气温

(c) 最低气温

(d) 相对湿度

(e) 净辐射

(f) 风速

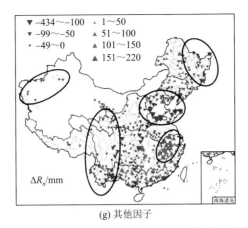

(g) 其他因子

图 2-9　各因子变化对全国 372 个水文站点径流变化影响量空间分布

对径流影响空间变异性较大，相对湿度变化主要增加长江流域中下游径流量，部分站点增加径流深 2.0～7.1mm。净辐射 [图 2-9（e）] 对径流变化影响较小，少量增加北方地区年径流。风速 [图 2-9（f）] 增加全国绝大多数子流域年径流量。

图 2-9（g）为其他因子对径流影响的空间分布图，从图中可以看出其他因子对径流影响较大，且空间变异性明显，在松花江流域东部、海河流域、黄河流域、淮河流域、长江流域西北部、西北诸河、西南诸河的大多数子流域其他因子均表现为减少径流作用，尤其是海河流域及黄河流域中下游地区的部分子流域，其他因子减少年径流深超过 50mm。

从各因子对不同流域片区径流变化影响量箱线图（图 2-10）来看，降水变化对径流影响最为明显，降水变化总体增加长江流域、东南诸河、西南诸河、松花江流域、西北诸河年径流量，尤其是东南诸河和松花江流域，降水对各站点径流变化均为增加作用。

从表 2-2 可知，降水变化对东南诸河、长江流域径流增加作用最为明显，平均分别增加径流深 67.1mm、34.5mm。对于其他流域，降水变化总体减少年径流量，其中以淮河流域、海河流域、黄河流域最为明显，分别减少径流深 22.7mm、19.4mm、9.6mm。在其他气象因子对径流的影响方面，风速变化总体上增加全国各大流域片区径流量；相反，最低气温变化总体上减少全国各大流域片区径流，最高气温与相对湿度对北方流域片区以增加径流为主，对南方流域片区以减少径流为主。净辐射对径流变化影响总体较小。在其他因子的影响量方面，其他因子总体增加珠江流域、长江流域、东南诸河径流，平均分别增加 0.7mm、10.5mm、13.7mm；对其他流域片区以减少径流为主，其中对淮河流域、海河流域和西南诸河减少最为明显，平均分别减少 62.1mm、32.8mm 和 23.3mm。就全国而言，各因子对径流变化影响量的绝对值大小依次为：降水＞其他因子＞风速＞最低气温＞最高气温＞相对湿度＞净辐射。

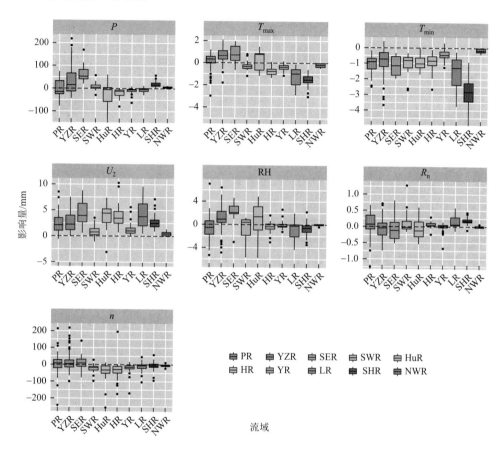

图 2-10　各因子变化对我国 10 大流域片区径流变化影响量

图中的·表示异常值

表 2-2　各因子对全国 10 大流域片区径流变化平均影响量　（单位：mm）

流域片区	P	n	T_{max}	T_{min}	U_2	RH	R_n
珠江流域	−0.9	0.7	0.1	−1.1	2.4	−0.7	0.06
长江流域	34.5	10.5	0.7	−0.8	2.7	1.1	−0.05
东南诸河	67.1	13.7	0.8	−1.2	4.2	2.1	−0.08
西南诸河	9.7	−23.3	−0.3	−1.0	0.9	−0.4	0.13
淮河流域	−22.7	−62.1	0.3	−0.9	3.7	0.9	−0.08
海河流域	−19.4	−32.8	−1.0	−0.9	4.0	−0.4	0.06
黄河流域	−9.6	−19.4	−0.4	−0.5	1.4	−0.1	−0.01

续表

流域片区	P	n	$T_{\max}$	$T_{\min}$	U_2	RH	R_n
辽河流域	−5.4	−11.8	−1.2	−1.7	4.1	−1.2	0.15
松花江流域	19.3	−6.0	−1.6	−2.8	2.7	−0.7	0.20
西北诸河	5.8	−3.5	−0.2	−0.2	0.5	0.0	0.01
全国	12.1	−6.0	−0.17	−1.2	2.55	0.1	0.04

Tang 等[74]采用气象因子弹性系数方程，评估不同气象因子对黄河流域花园口水文站径流变化的影响，研究结果表明，相对于 1960～1990 年，降水、净辐射、气温、风速、相对湿度对 1991～2002 年径流变化贡献率分别为−27.3%、1.7%、−3.5%、6.7%、−1.7%。而本部分降水、净辐射、最高气温、最低气温、风速、相对湿度对花园口水文站径流变化贡献率分别为−43.3%、1.0%、−3.7%、−3.2%、7.1%、−1.8%。本章结果与 Tang 等[74]的研究结果基本一致，但贡献率还存在一定差别。究其原因，一方面是对比时段存在差别，另一方面是各蒸发因子对径流的弹性系数分解是基于不同的潜在蒸发模型。

2.4.3　气候变化和其他因子对径流变化贡献率

为进一步分析径流变化的主导因素，图 2-11 给出了全国 372 个子流域气候变化影响量（$\Delta R_P + \Delta R_{R_n} + \Delta R_{T_{\max}} + \Delta R_{T_{\min}} + \Delta R_{U_2} + \Delta R_{\mathrm{RH}}$）和其他因子影响量（$\Delta R_n$）相对大小对比。从图 2-11（a）可以看出，南方地区和西北地区大多数站点径流变化以气候变化为主导因素；对于北方地区，部分子流域以其他因子为主导因素，

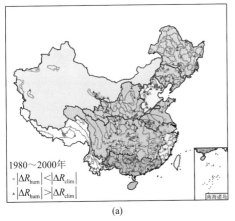
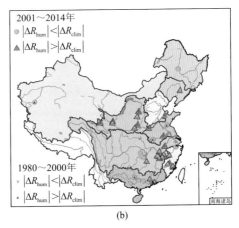

图 2-11　气候变化和其他因子对径流变化贡献率相对大小对比空间分布

ΔR_{hum} 为人类活动对径流的影响量；ΔR_{clim} 为气候变化对径流的影响量

包括松花江流域东部、海河流域、辽河流域中部、黄河流域的大多数子流域，另一部分则以气候变化为主导，如松花江流域绝大多数站点径流变化以气候变化为主导。该时期气候变化在南方地区（珠江流域、长江流域、松花江流域、东南诸河、西南诸河）主要表现为增加径流作用，在北方地区（海河流域、淮河流域、黄河流域、辽河流域）主要表现为减少径流作用。其他因子以减少径流作用为主，除珠江流域、东南诸河、长江流域外，其他流域片区其他因子均减少径流。尤其是黄河流域，其他因子平均减少径流深 19.4mm，这主要受该时期黄河流域大规模的生态修复工程的影响[13]。

表 2-3 给出了我国 10 大流域片区气候变化和其他因子对径流变化影响量及其贡献率。相对而言，长江流域、松花江流域、西北诸河和东南诸河以气候变化为主导，气候变化贡献率分别为 78.7%、76.9%、65.7% 和 84.2%；珠江流域、淮河流域、海河流域、黄河流域、辽河流域和西南诸河以其他因子影响占主导，其他因子贡献率分别为 59.4%、77.3%、66.2%、69.7%、75.3% 和 70.4%。就全国径流变化而言，气候变化和其他因子主导水文站点数量相当，分别为 192 站、180 站，气候变化平均增加全国径流深 14.4mm，其中降水变化平均增加径流深 12.1mm。总地来说，我国径流变化以气候变化为主导，气候变化和其他因子对径流变化贡献率分别为 71.0%、29.0%。

表 2-3　我国 10 大流域片区气候变化和其他因子对径流变化影响量及其贡献率

流域片区	分析时段	ΔR/mm	气候变化影响量/mm	气候变化贡献率/%	其他因子影响量/mm	其他因子贡献率/%	气候变化/其他因子主导站点数/个
珠江流域	时段 2	1.2	0.5	40.6	0.7	59.4	36/26
	时段 3	−65.9	−62.3	92.0	−5.4	8.0	5/2
长江流域	时段 2	49.5	38.6	78.7	10.5	21.3	65/40
	时段 3	−29.4	−11.6	39.1	−18.0	60.9	5/8
东南诸河	时段 2	87.7	73.3	84.2	13.7	15.8	11/2
	时段 3	65.7	10.0	15.2	55.8	84.8	1/5
西南诸河	时段 2	−13.3	9.8	29.6	−23.3	70.4	8/14
	时段 3	—	—	—	—	—	—
淮河流域	时段 2	−73.7	−18.3	22.7	−62.1	77.3	6/9
	时段 3	−16.0	−10.9	67.8	−5.2	32.2	2/1
海河流域	时段 2	−47.4	−16.8	33.8	−32.8	66.2	3/19
	时段 3	—	—	—	—	—	—
黄河流域	时段 2	−27.3	−8.4	30.3	−19.4	69.7	10/28
	时段 3	−27.5	−4.8	16.9	−23.5	83.1	0/9

流域片区	分析时段	ΔR/mm	气候变化影响量/mm	气候变化贡献率/%	其他因子影响量/mm	其他因子贡献率/%	气候变化/其他因子主导站点数/个
辽河流域	时段 2	−15.3	−3.9	24.7	−11.8	75.3	8/17
	时段 3	2.9	−6.3	41.1	9.0	58.9	0/1
松花江流域	时段 2	14.1	20.0	76.9	−6.0	23.1	33/19
	时段 3	3.8	7.3	68.4	−3.4	31.6	1/0
西北诸河	时段 2	3.2	6.6	65.7	−3.5	34.3	12/6
	时段 3	9.2	14.8	72.2	−5.7	27.8	1/0
全国	时段 2	8.9	14.4	71.0	−6.0	29.0	192/180
	时段 3	−23.4	−12.9	53.5	−11.2	46.5	15/26

注：—表示无数据。

为探讨气候变化和其他因子对近期主要河流径流变化的影响，图 2-11（b）给出了 2001~2014（时段 3）年径流变化（相对于 1960~1979 年）的主导因素。尽管所搜集到的包含该时段的径流数据仅有 41 个站点，但这些站点均为主要河流代表性水文站，各站点平均集水面积为 19.31km²，一定程度上能代表流域的整体情况。

由图 2-11（b）可以看出，1980~2000 年主要河流代表性水文站径流变化主要受气候变化影响，41 站中有 33 站以气候变化为主导。2001~2014 年，41 站中有 26 站径流变化主要由其他因子引起，其中的 22 站由 1980~2000 年以气候变化为主导的站点转变而来，如黄河干流站点（唐乃亥站除外）、辽河干流控制性站点铁岭站、珠江流域的西江和北江控制性站点石角和博罗站、长江干流控制性站点大通站等。该时期气候变化以减少径流作用为主，尤其是珠江流域、长江流域，气候变化平均分别减少径流深 62.3mm 和 11.6mm。相对而言，珠江流域、淮河流域、松花江流域和西北诸河以气候变化影响为主，气候变化贡献率分别为 92.0%、67.8%、68.4% 和 72.2%；长江流域、黄河流域、辽河流域、东南诸河以其他因子影响为主，其他因子贡献率分别为 60.9%、83.1%、58.9% 和 84.8%。

就全国径流变化而言，气候变化和其他因子两者的贡献率分别为 53.5% 和 46.5%。对比两个时期径流变化的归因结果可见，近期（时段 3）其他因子对径流影响程度大幅增加，说明日益加剧的人类活动和下垫面变化等其他因子对流域水循环和水资源演变产生了更大的影响，其他因子对径流变化的影响不容忽视。

2.5　与模型模拟方法对比——以鄱阳湖流域为例

鄱阳湖是我国最大的淡水湖泊，也是我国 10 大生态功能保护区之一，对维系区域和国家生态安全具有重要意义。近年来湖区及流域内水旱灾害频繁，特别是

20 世纪和 21 世纪。水旱灾害频发使得鄱阳湖流域水文变化受到广泛关注。国务院于 2009 年正式批复《鄱阳湖生态经济区规划》，这标志着鄱阳湖生态经济区正式上升为国家战略。因此，以鄱阳湖为例对比分析水文模型模拟方法与气候弹性法，不仅具有理论意义，更具有实践意义。

本节首先对比不同水文模型在鄱阳湖流域 5 大支流径流模拟效果，优选最佳水文模型用于评估气候变化对鄱阳湖流域径流变化影响，进而与 2.4.3 节气候弹性法研究结果对比，分析水文模型模拟方法和气候弹性法在径流归因中的异同点。

为方便两种方法径流变化归因结果对比，这里将模型模拟方法基准期和影响期划分与气候弹性法的时段划分保持一致，即时段 1（1960～1979 年）为基准期，时段 2（1980～2000 年）和时段 3（2001～2010 年）分别为影响期 1 和影响期 2。以基准期气象水文数据来校正模型，其中 1960～1974 年为模型校准期，1975～1979 年为模型验证期。

2.5.1 模型优选

表 2-4 给出了 5 个水文模型对鄱阳湖流域 5 大支流控制性水文站月径流模拟效果。为直观起见，图 2-12 给出了 5 个模型在赣江外洲站模拟月径流与相应实测流量的对比结果。

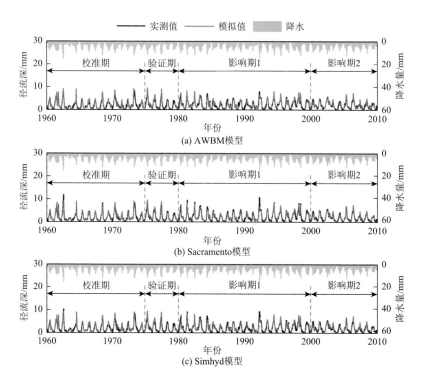

(a) AWBM模型

(b) Sacramento模型

(c) Simhyd模型

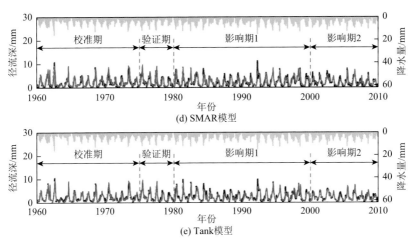

(d) SMAR模型

(e) Tank模型

图 2-12　5 个模型对赣江外洲站月径流变化模拟效果对比图

由图 2-12 可以看出，5 个模型模拟的赣江外洲站月径流深与实测值吻合程度较好，校准期和验证期月径流模拟的纳什系数（Nash-Sutcliffe efficiency coefficiency，NSE）在 0.74 以上，其中 Sacramento 模型（以下简称 SAC 模型）模拟效果最佳，校准期和验证期的纳什系数分别为 0.939 和 0.925。从表 2-4 可以看出，各模型对其他四河月径流模拟效果均表现良好。

表 2-4　不同水文模型对鄱阳湖流域 5 大支流模拟效果（NSE）对比

河流	站点	时期	AWBM 模型	SAC 模型	Simhyd 模型	SMAR 模型	Tank 模型
赣江	万洲站	校准期	0.906	**0.939**	0.909	0.817	0.909
		验证期	0.878	**0.925**	0.864	0.741	0.886
信江	梅港站	校准期	0.972	**0.978**	0.940	0.929	0.975
		验证期	0.941	**0.963**	0.923	0.919	0.940
饶河	虎山站	校准期	0.925	**0.931**	0.889	0.896	0.895
		验证期	0.291	0.673	**0.699**	0.665	0.541
修河	万家埠站	校准期	0.868	**0.894**	0.875	0.828	0.837
		验证期	0.756	0.765	**0.780**	0.647	0.778
抚河	李家渡站	校准期	0.964	**0.974**	0.908	0.809	0.863
		验证期	0.950	**0.970**	0.846	0.795	0.861

注：加粗数值表示该模型在相应时期模拟效果最佳。

各模型对信江梅港站月径流模拟效果最佳，纳什系数均不低于 0.919；尤其是 SAC 模型对校准期和验证期的模拟结果，纳什系数高达 0.978 和 0.963。对饶河虎山站，各模型对校准期的模拟效果良好，纳什系数最小为 Simhyd 模型的 0.889；然而，各模型对验证期的模拟效果较差，纳什系数在 0.291～0.699。对于修河万家埠站，各模型对校准期和验证期的纳什系数普遍不高，SAC 模型和 Simhyd 模型分别在校准期和验证期表现最佳，纳什系数分别为 0.894 和 0.780。对于抚河李家渡站，校准期和验证期均以 SAC 模型模拟效果最佳。

总地来说，各模型对鄱阳湖流域五河径流模拟效果都可以接受。模拟效果最佳的为 SAC 模型，该模型对五河径流模拟在校准期的纳什系数均为最高；在验证期，除了饶河虎山站和修河万家埠站外，SAC 模型对其余三河的纳什系数均为最高。从图 2-13 可以看出，SAC 模型对模拟的鄱阳湖流域五河月径流深与实测值吻

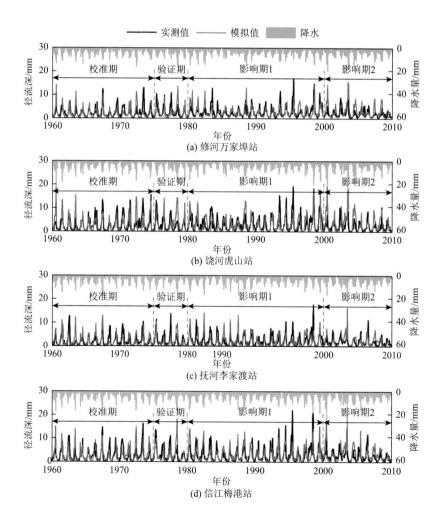

(a) 修河万家埠站

(b) 饶河虎山站

(c) 抚河李家渡站

(d) 信江梅港站

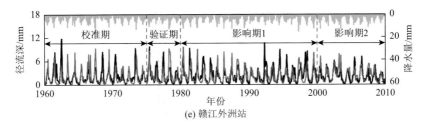

(e) 赣江外洲站

图 2-13　SAC 模型对鄱阳湖流域五河径流模拟效果对比图

合程度较好。因此，本章拟采用 SAC 模型为水文模型模拟方法的代表模型，将该模型评估气候变化对径流变化的影响与气候弹性法进行对比。

2.5.2　水文模型模拟方法与气候弹性法结果对比

基于率定的 SAC 模型和 1980 年之后的气象数据，模拟时段 2（1980～2000 年）和时段 3（2001～2009 年）的天然径流过程，进而评估气候变化对时段 2 和时段 3 径流变化的贡献率。

表 2-5 给出了基于 SAC 模型评估的气候变化对鄱阳湖流域五河径流变化贡献率。从该表可以看出，气候变化对鄱阳湖流域径流变化的影响在不同时期存在较大差异。在 1980～2000 年气候变化对径流变化表现为增加作用，贡献率均大于 50%；其中对赣江万洲站径流变化的贡献率最大，为 88.7%；对修河万家埠站径流变化的贡献率最小，为 51.3%。相反，在 2001～2009 年（时段 3），气候变化对鄱阳湖流域五河径流变化均表现为减少径流作用，其对径流变化的贡献率在 −48.9%～−23.1%，因此气候变化对时段 3 径流变化的影响并不占主导作用。

表 2-5　基于 SAC 模型模拟的气候变化对鄱阳湖流域五河径流变化的贡献率（单位：%）

河流	站点	时段 2 气候变化贡献率	时段 3 气候变化贡献率
赣江	万洲站	88.7	−37.5
饶河	虎山站	70.1	−45.2
信江	梅港站	64.1	−48.9
修河	万家埠站	51.3	−48.7
抚河	李家渡站	64.3	−23.1

图 2-14 对比了气候弹性法和水文模型模拟方法评估的气候变化对径流变化的贡献率。从图 2-14 可以看出，两种方法评估结果存在一定差异：在影响期 1，气

候弹性法量化的气候变化对径流变化的影响量在赣江和抚河流域小于水文模型模拟分析的结果，而在饶河、信江和修河流域大于模型模拟分析方法的结果；在影响期 2，气候弹性法量化的气候变化对鄱阳湖流域五河径流变化的影响均小于水文模型模拟分析的结果。

尽管两种方法评估的气候变化对径流变化的贡献率存在一定差异。然而两种方法评估的结果同时存在较大的相似性：①在影响期 1 时，两种方法评估的气候变化对鄱阳湖流域五河径流变化的影响均表现为增加径流作用，而在影响期 2 时，两种方法评估结果均表明气候变化减少径流作用；②两种方法所得到的径流变化主导因素一致，即影响期 1 时，五河径流变化均以气候变化为主导；而影响期 2时，均以其他因素为主导；③两种方法量化的气候变化对径流变化影响贡献率差别较小，贡献率平均差别为 10.2%。因此，可以认为两种方法评估气候变化对径流变化影响的结果基本一致，弹性系数法所量化的径流变化归因分析结果可靠。

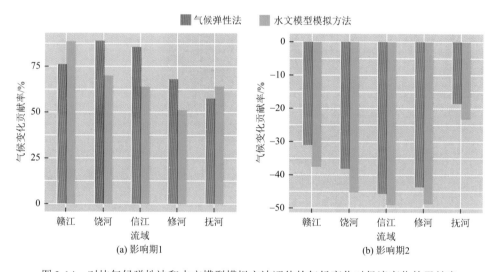

图 2-14　对比气候弹性法和水文模型模拟方法评估的气候变化对径流变化的贡献率

2.6　讨　　论

2.6.1　其他因子影响

由于缺乏表征人类活动和下垫面变化等其他因子的长时间序列数据，相关研究通常假设其他因子对径流的影响依赖典型年份的特定指标[72]，如本章选取的水库库容、耕地面积、人口密度和 GDP 密度等为代表的特征指标（图 2-2）。分析这些要素与其他因子对径流变化的影响量的关系，有助于理解其他因子对径流影响的主要表现形式，以及不同类型人类活动和下垫面因子对径流变化的增减作用，同时在一定程度上论证其他因子对径流变化影响量的合理性。

　　人类活动和下垫面变化等其他因子对径流变化的影响复杂，为挖掘不同特征指标对径流变化的总体规律，将 372 个子流域按其他因子对各子流域径流变化影响量大小分为十组，每组包含其他因子影响量相近的 37～38 个子流域。再将其他因子对每组子流域径流平均影响量与每组子流域其他因子指标的均值进行对比。图 2-15 给出各要素与其他因子对径流变化影响量相关关系图。

　　从图 2-15（a）可以看出，其他因子对径流变化影响量与耕地面积变化呈反比关系。一般而言，随着耕地面积的增加，灌溉用水增加，田间蒸散发量增多，河道径流量相应减少。水库库容比（流域大型水库总库容/流域年径流量）与其他因子影响量呈反比 ［图 2-15（b）］，水库增多使水面蒸发量增加，同时伴随取用水量的增加，导致河道径流量减少。社会经济发展状况影响河道取用水量，而人口密度、GDP 密度是社会经济发展的重要表征。从图 2-15（c）和（d）可以看出，在其他

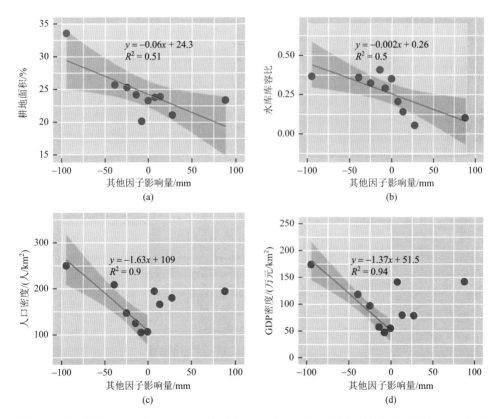

图 2-15　耕地面积、水库库容比、人口密度和 GDP 密度与其他因子对径流变化的影响量的关系

因子对径流有减少作用的分组中，人口密度、GDP 密度与其他因子影响量均呈现显著的反比关系，表明人口密度越高、社会经济越发达地区，其他因子对径流的影响越明显，减小径流幅度越大；而在人口密度相对稀疏、社会经济欠发达地区，其他因子对径流影响较小。

另外，值得注意的是，在其他因子总体增加径流区域中，人口密度、GDP 密度分布与其他因子对径流影响之间并不存在明显的关系。随着社会经济的发展和人口的增多，满足工农业发展和生活需求的取用水相应会增多。因此，社会经济发展主要起到减少河道径流的作用，换言之，径流增加并不是社会经济因素引起的，而是受到其他下垫面变化因素的影响。

2.6.2　不确定性分析

为进一步探讨本章研究结果的可靠性与不确定性，本节归纳了 1950～2010 年采用不同方法对不同流域径流变化归因分析研究结果（表 2-6）。

值得说明的是，不同研究成果对除气候变化影响外的影响径流变化的其他影响因子定义有所差别，大部分研究将其归为人类活动[16, 19, 45, 72]，也有部分研究将其归为下垫面变化[4, 37]。为便于对比，本章将其统一归类为其他因子影响。

通过将本章研究结果（表 2-3）与以往相关研究结果（表 2-6）对比，可以发现本章研究结果与以往研究结果基本一致。本章中各大流域片区（西北诸河片区除外）径流变化主导因素与以往研究对相应流域片区径流变化主导因素一致。

尽管如此，在具体贡献率上，本章研究结果与以往研究存在一定差异，例如，本章气候变化对长江流域、淮河流域 1980～2000 年径流变化的平均贡献率分别为 78.7%、22.7%，相关研究贡献率分别为 72%[38]、33%[77]。存在差异的原因可能是所采用的模型（方法）不同和所选择的研究时段存在差别；另外，各研究区所选用的代表性水文站点也存在一定差异。

对比以往结果（表 2-6），可以发现本章研究结果在西北诸河片区存在较大偏差。气候变化对径流变化的贡献率普遍偏低，尤其是西南诸河片区西部的雅鲁藏布江流域，4 个水文站点均以其他因子为主导（图 2-11）。西南诸河径流变化受冰雪融水影响较大，特别是雅鲁藏布江流域冰雪融水平均增加径流深 3.3mm/10a[75]。然而 Budyko 水热耦合平衡方程中并未考虑到冰雪融水作用。尽管本章改进的气候弹性法涉及最高气温和最低气温变化对径流变化的影响，但本章中最高气温和最低气温等气象因子对径流的影响是通过影响潜在蒸发而对径流变化产生的间接影响，即气温变化对径流变化的贡献率中并不包含气温对冰雪融水的影响。因此，基于

表 2-6　已有的不同流域径流变化归因分析研究结果

流域	河流流域	水文站点数量/个	研究时段	研究方法/模型	气候变化贡献率/%	其他因子贡献率/%	文献
珠江流域	东江	3	1956~2000 年	反向传播人工神经网络（BP-ANN）	46.8	53.2	Liu 等[12]
长江流域	长江	4	1953~2010 年	线性回归	72	28	Zhao 等[38]
	鄱阳湖流域	5	1955~2009 年	AWBM 模型；灵敏度分析方法	72.1	27.9	Zhang 等[10]
西南诸河	雅鲁藏布江	4	1974~2000 年	双累积曲线	70~77	—	Liu 等[75]
	澜沧江、怒江	2	1950~2010 年	随机森林回归模型	约 65	—	Fan 和 He[76]
淮河流域	淮河流域	14	1960~2011 年	基于 Budyko 假设的气候弹性法	33	67	Zhang 等[77]
海河流域	海河流域	33	1956~2005 年	基于 Budyko 假设的气候弹性法	26.90	73.10	Xu 和 Singh[78]
	滦河、潮白河、漳江	3	1957~2000 年	水文模型模拟与灵敏度分析法结合	32.7~41.7	58.3~67.3	Wang 等[79]
黄河流域	黄河流域	7	1950~2009 年	累积斜率变化比例方法（SCRCQ）	7.93	92.07	Wang 等[80]
	黄河流域	14	1961~2009 年	基于 Budyko 假设的气候弹性法	38.0	62.0	Liang 等[50]
	黄河流域	7	1960~2008 年	线性回归	17.0	83.0	Miao 等[81]
辽河流域	西辽河流域	1	1964~2009 年	水文模型模拟（VIC 模型）	36	64	Yang 等[59]
松花江流域	松花江流域	3	1960~2009 年	双累积曲线	62~82	63~65	Li 等[82]
西北诸河	塔里木河流域	5	1957~2008 年	周期性趋势叠加模型	85.2	14.8	Ling 等[83]

注：—表示无数据。

Budyko 假设的气候弹性法在冰雪融水补给流域的径流变化评估中，会出现气候变化贡献率低的情况。

此外，Budyko 水热耦合平衡方程还存在一些局限性。径流变化的全微分方程为水热耦合平衡方程的一阶近似展开，当降水等气象因子变幅不大时，所计算的各因子影响量的误差可以忽略不计。然而，随着各因子变幅的增大，误差将相应增加[84]。Yang 等[84]研究指出，降水量增加 10mm，将导致降水对径流变化的影响量评估结果产生 0.5%～5%的误差；而降水量增加 50mm，误差将增加到 2.5%～25%。另外，气候弹性法无法考虑降水等因子时空分布差异的影响，暴雨的增多、增强可能会导致控制参数 n 的值减小[85]。

尽管 Budyko 水热耦合平衡方程的径流变化归因存在一些不确定性，但该方法相对简单且避免了复杂模型参数不确定性对归因结果的影响，同时该方法对数据的要求不高，适合应用于大范围的多子流域径流变化归因研究。此外，本章所提出的气候弹性法综合考虑降水、最高气温、最低气温、风速、净辐射、相对湿度及其他因子对径流变化的影响，因此可以从多元角度进行径流变化归因分析。

2.7　本　章　小　结

本章系统评估了我国 10 大流域片区 372 个水文站点径流变化及其驱动因子，基于 FAO 修正的 Penman-Monteith 公式推导出最高气温、最低气温、净辐射、风速、相对湿度 5 个气象因子对径流变化的弹性系数计算公式，量化气候变化（降水、净辐射、最高气温、最低气温、风速、相对湿度）和其他因子对径流变化的贡献率，得出以下结论。

（1）气候相对干燥的北方地区流域径流变化对各气象因子和其他因子弹性系数明显大于相对湿润的南方地区，北方地区径流变化对气候变化和其他因子较南方地区更为敏感。降水和相对湿度对径流变化有正向驱动作用，最高温度、最低温度、净辐射、风速和其他因子变化对径流变化有负向驱动作用。就全国而言，径流对各因子的敏感度依次为：降水＞其他因子＞相对湿度＞净辐射＞最高气温＞风速＞最低气温。

（2）气候变化通过改变降水、气温、相对湿度等气象因子对径流变化产生影响。1980～2000 年，降水变化总体上增加我国河流径流，平均增加径流深 12.1mm。风速变化总体增加各大流域片区径流量，最低气温变化总体减少各大流域片区径流。最高气温和相对湿度变化对北方流域片区以增加径流作用为主，对南方流域片区以减少径流为主。净辐射变化对径流变化影响较小。就全国而言，各气象因子对径流变化影响量绝对值大小依次为：降水＞风速＞最低气温＞最高气温＞相对湿度＞净辐射。

（3）1980～2000 年，气候变化在南方流域片区主要表现为增加径流作用，在北方流域片区主要表现为减少径流作用，其他因子以减少径流为主，对径流变化的贡献率为 29.0%。2001～2014 年，气候变化以减少径流作用为主，其他因子影响程度大幅增加，气候变化和其他因子对径流变化的贡献率分别为 53.5%、46.5%。

第3章 径流与潜在蒸散发对气候变化敏感性分析

3.1 概　　述

近年来，国内外涌现了大量关于水文循环过程对气候变化的响应研究，旨在揭示气候变化背景下水文过程的变化机理，这其中就包括蒸散发、径流等过程对气象要素的敏感性研究。IPCC 对敏感性的定义为系统受到与气候有关的刺激因素的影响程度，包括正向和负向的影响[86]。

3.1.1 潜在蒸散发对气象因子的敏感性研究现状

蒸散发是水文循环中的一个重要环节，而由于实际蒸散发数据难以获得，故众学者着眼于潜在蒸散发的研究。相比于实际蒸散发，潜在蒸散发可根据常规气象数据计算得到，其可信度也较高[87]，特别是在湿润地区，流域潜在蒸散发可近似等于实际蒸散发[88]。随着气候变化影响的加剧，潜在蒸散发对气候变化的敏感性研究已越来越受国内外学者的关注。Hupet 和 Vanclooster[89]采用 FAO 修正的 Penman-Monteith 公式计算得到潜在蒸散发并量化了潜在蒸散发对各气象要素的敏感性，研究结果指出潜在蒸散发对净辐射和风速最为敏感；Goyal[90]的研究指出随着平均气温、风速、净辐射等气象要素的增大，潜在蒸散发对其的敏感性减弱；Irmak 等[91]基于标准化的 ASCE-Penman-Monteith 公式研究美国不同气候区的潜在蒸散发对气象要素的敏感性，结果发现同一气象要素在不同气候区其敏感性也存在显著差异；Bormann[92]比较了 18 种不同的潜在蒸散发计算模型，发现同一气候模式下不同模型得到的潜在蒸散发对气象因子的敏感性也不尽相同；Tabari 和 Talaee[93]研究发现从干旱区到湿润区，潜在蒸散发对风速和温度的敏感性减弱，对日照时数的敏感性增强；Debnath 等[94]研究发现潜在蒸散发在部分地区对净辐射最敏感，在部分地区对风速最敏感，而且在同一地区同一气象因子其年内的敏感性也有所差别；Ndiaye 等[95]研究指出蒸散发过程对净辐射、最高气温和风速更为敏感。

近些年来，国内也有不少学者开展不同区域上潜在蒸散发的时空变化研究。Gao 等[96]分析中国 1956～2000 年潜在蒸散发的时空变化特征，发现中国大部分地区的潜在蒸散发在年尺度和季节尺度均呈下降趋势，但在松花江流域呈上升趋势；Chen 等[97]分析 1961～2000 年气候变化对青藏高原潜在蒸散发的影响，发现青藏高原地区季节尺度的潜在蒸散发均呈下降趋势；赵捷等[98]对黑河流域的潜在蒸散发进行时空变化分析，结果表明多数站点的潜在蒸散发减少；李耀军等[99]对甘肃省潜在蒸散发的时空变化特征进行分析，结果表明甘肃省潜在蒸散发的空间差异明显，由东南向西北递增，且在时间尺度上呈增加趋势，其中东南部地区增加趋势最为明显。由此可见，随着气候变化的加剧，我国各地区的潜在蒸散发已发生显著变化，在部分地区呈下降趋势，与我国大部分地区存在"蒸发悖论"现象[100,101]这一研究结果相一致，但也有部分地区潜在蒸散发呈上升趋势。

为了进一步解释气候变化对我国潜在蒸散发影响机理，国内部分学者开展了潜在蒸散发对气候变化的敏感性研究，以期定量揭示潜在蒸散发显著变化的主导因素。Gong 等[102]研究长江流域潜在蒸散发对气候变化的敏感性，发现在长江流域，相对湿度对潜在蒸散发的影响最为敏感；刘小莽等[103]基于 FAO 修正的 Penman-Monteith 公式，分析了海河流域潜在蒸散发对气温、水汽压、净辐射等气象要素的敏感性，研究结果指出在海河流域潜在蒸散发对水汽压最为敏感，对温度和净辐射的敏感性较弱；李斌等[104]分析了澜沧江流域 3 个不同时间尺度下潜在蒸散发对气温、相对湿度、日照时数及风速的敏感性，结果表明在流域整体上潜在蒸散发对日照时数最为敏感，其敏感系数在 1 月呈现上升趋势，在 7 月呈现下降趋势，且发现潜在蒸散发对各气象因子的敏感系数具有较明显的空间差异性；刘昌明和刘丹[62]分析我国区域潜在蒸散发对最高气温、最低气温、净辐射等气象要素的敏感性，发现潜在蒸散发对水汽压最为敏感，其次依次是：最高气温＞净辐射＞风速＞最低气温；张彩霞等[105]基于情景假设方法分析了河西地区潜在蒸散发对气候变化的敏感性，结果表明河西地区潜在蒸散发对平均气温最为敏感，其次是平均风速，能够引起潜在蒸散发量变化的百分比分别为 41.1% 和 22.9%；Yao 等[106]研究新疆地区潜在蒸散发对气象要素的敏感性，发现最低气温、最高气温、风速的增加能引起潜在蒸散发的增加，而平均气温和相对湿度的增加则导致潜在蒸散发的减少，其中最高气温的变化对潜在蒸散发的变化最为明显。

目前，我国对于潜在蒸散发对气候变化的敏感性研究较少，而且现有的大多数研究主要针对单一流域或地区进行研究，缺少不同气候区上的对比研究，而我国地域辽阔，潜在蒸散发空间差异明显，所以有必要针对不同气候区上潜在蒸散发对气象要素敏感性进行对比研究。时间尺度上，现有的研究主要分析年尺度上的敏感性，而年内尺度的研究较少。

3.1.2　径流对气象因子的敏感性研究现状

近几十年来,气候变化背景下径流的敏感性研究逐渐得到国内外学者的重视。Arora[107]提出可用干旱指数对径流敏感性进行分析;Sankarasubramanian 和 Vogel[108]基于流域下垫面属性处于一个相对稳定状态的假设,提出可用弹性系数来研究径流敏感性;Chiew[109]将弹性系数概念应用于澳大利亚部分地区,评估了未来气候模式下径流对降水等气象要素的敏感性;Huang 等[110]应用基于 Budyko 假设的气候弹性法研究径流对气象因子的敏感性,结果表明径流变化的主要驱动因子是降水;Donohue 等[111]对不同地区上径流对降水的敏感性进行分析,发现各区域径流对降水的敏感程度差异显著,且具有较大的不确定性;Guo 等[112]将假设的气候情景输入集总式降雨径流模型中,以分析澳大利亚不同气候区径流对气象要素的敏感性,研究结果表明径流对各气象要素的敏感性为:气温＞相对湿度＞净辐射＞风速。

已有研究表明,气候变化在我国已经引起全国范围内的径流发生变化,且由于我国气候复杂,不同地区径流的变化趋势及主导因素都存在差异[16, 113-115]。为了更深入了解气候变化对径流的影响过程,国内不少学者也开展了径流对气候变化的敏感性研究。陈玲飞和王红亚[116]利用统计模型分析全国 469 个小流域径流对气候变化的响应程度,结果表明干旱地区气温变化对径流的影响更显著,而湿润地区径流对降水的响应更显著;Zheng 等[36]利用气候弹性法评估黄河河源区径流对降水和潜在蒸散发的敏感性,发现黄河河源区径流的变化对降水更为敏感;Yang H 和 Yang D[60]基于 Budyko 假设分离得到径流对各气象要素的敏感系数并应用于海河流域,结果表明径流变化对降水最敏感,1%的降水变化能引起 2.4%的径流变化;王国庆等[117]设置假定的气候情景并输入月水量平衡模型,分析我国不同气候区上的 21 个流域,发现黄河以北干旱半干旱区径流对气温和降水的敏感性比湿润半湿润区强;孟德娟和莫兴国[118]采用 Budyko 水热耦合平衡方程,分析气象要素趋势性变化对年径流和潜在蒸散发变化率的贡献,结果表明降水趋势性变化对年径流变化的贡献比潜在蒸散发大;高超等[119]结合 SWIM 分布式水文模型和统计方法定量分析淮河流域上游地区径流对气象要素的敏感性,发现径流对降水的敏感性高于气温。

3.2　典型研究区选取

本章选取位于我国亚热带季风气候区上的两个湿润区流域（东江上游流域、

修河上游流域）和位于温带季风气候区上的两个半湿润半干旱区流域（洛河上游流域、大黑河上游流域）作为研究区域进行不同区域的对比研究（图 3-1）。

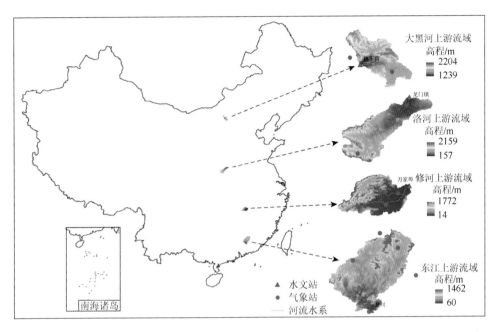

图 3-1　研究区域概况图

1）东江流域

东江为珠江流域的三大水系之一，是东莞、深圳、香港等地的重要水源地，东江起源于江西省寻乌县的桠髻钵山，自东北向西南流进广东境内，途中流经广东河源、惠州、东莞等市，最后汇入狮子洋。东江干流总长度 562km，其中江西省内 127km，广东省境内 435km；东江流域总面积为 35340km²，其中广东省境内有 31840km²，占流域总面积的 90%。东江流域属于亚热带季风气候区，气候温和多雨，全年四季不分明，年均气温 20.4℃，年平均降水量达 1500～2400mm，但年内分配极其不均，其中雨季（4～9 月）降水量占全年 70%～80%。本章选取东江上游龙川水文站以上流域作为模型的模拟区域，龙川水文站位于枫树坝水库下游 60km 处，是东江上游重要的控制站点，集水面积为 7694km²，多年平均径流量为 63.5 亿 m³。

2）修河流域

修河流域东临鄱阳湖，南隔九岭山脉，西接黄龙山，北边以幕阜山脉作为边界。修河是鄱阳湖流域五大水系之一，起源于江西省铜鼓县修源尖，从西南向东北，流经全丰镇、马坳镇等，在塘三里与金沙河汇流。干流自西向东经过九岭、幕埠两山脉之间，而周围支流则呈芭蕉叶状向中间汇入干流，最后于吴城镇汇入鄱阳湖。

修河流域地处亚热带季风区，流域内山区年降水量约为1800mm，平原区年降水量约为1500mm，但降水年内分配不均，多集中在春、夏两季。流域年平均气温16～17℃，山区年均气温较低，低于15℃，平原区月平均气温最低3～5℃，最高28℃。无霜期为260～280天，多年平均蒸发量为1200mm。径流在年际和年内尺度差异较大，多年平均径流量为135.05亿 m^3，最大、最小年径流分别为272亿 m^3 和58.8亿 m^3。修河流域下垫面多为林地，流域内森林覆盖率达64.4%。本章选取万家埠水文站以上流域作为模型的模拟区域，万家埠水文站集水面积为3548km²，多年平均径流量为29.0亿 m^3。

3）洛河流域

洛河起源于陕西省的蓝田县，在河南巩县汇入黄河，干流总长度 447km，洛河流域面积 18881km²。根据黑石关水文站的水文资料统计，其年均径流量为34.3亿 m^3，年均输沙量为0.18亿 t，而流域平均含沙量仅为5.3kg/m^3，水多沙少，是黄河的多水支流之一。流域范围内有包括陕西、河南两省的 21 个行政县市，人口总数达 569 万，人口密度达 301 人/km²。

洛河流域北边为华山，南边与长江水系相邻，东南以外方山与淮河为邻，地势呈西南高东北低。流域中上游地区主要为山区，植被较茂密，森林覆盖率较高，水源涵养较好。洛河流域中游地区主要为黄土丘陵，植被覆盖率较低，人口密度较大，耕垦指数较高，也是流域泥沙的主要来源。沿河的河谷盆地为冲积平原，是主要的农业生产基地，也是历史上文化开发较早的地区，人口密度大，城市化率较高，古都洛阳即位于洛河下游盆地。

洛河流域地处暖温带季风气候区，年均降水量 600～800mm。流域内暴雨较多，降雨强度较大，暴雨中心多位于流域中部。本章选取龙门镇水文站以上流域作为模型的模拟区域，龙门镇水文站以上流域集水面积为5275km²，1960～2000年的年降降水量为359mm。

4）大黑河流域

大黑河是黄河上游末端的一大支流，起源于内蒙古自治区卓资县，经过呼和浩特市，在托克托县城附近汇流入黄河，干流总长度为236km，大黑河流域总集水面积为17673km²。流域内盆地面积为5154km²，占总面积的29%，北部多为山区，约占流域总面积的54%，其余为黄土丘陵区。在内蒙古自治区境内，黄河干流流向为自西向东，而大黑河则是由东北向西南汇入黄河，两者在流向上形成对流的局面，所以大黑河也称为逆向支流。

大黑河流域位于我国北部，处于中纬度地区，属暖温带大陆性季风气候，气候特点为春季干旱多风，夏季炎热多雨，秋季天高气爽，冬季寒冷干燥。流域内年均降水量 330～460mm，且降水时空分布不均匀，空间尺度上降水自东向西递减，时间尺度上降水年际变化较大，年内分配不均，全年降水的 80%集中在夏季，期间常有暴雨。大黑河流域水沙的主要来源为流域内的山区和丘陵区，且多集中在汛期，洪水集中在 7 月和 8 月，洪水过程陡涨陡落，山洪暴发时，挟带大量泥沙和大量有机质，这些泥沙和有机质在下游淤积成平原。本章选取大黑河上游旗下营水文站以上流域作为模型的模拟区域，旗下营水文站以上流域集水面积为2936km^2，1960～2000 年的年均降水量为 752mm。

3.3　数 据 来 源

本章所用的水文数据为东江龙川、修河万家埠、洛河龙门镇及大黑河旗下营4 个水文站点的径流资料，时间为 1960～2000 年。站点序列中的部分缺失数据通过与相邻水文站的径流序列建立回归关系进行插补（$R^2 > 0.8$）得到。所用的气象数据为所选流域内及周边多个气象站点 1960～2000 年的逐日气象数据，包括日降雨量、最高气温、最低气温、相对湿度、日照时数、风速等，其中日照时数用于计算净辐射[120]，而潜在蒸散发量则采用 Penman-Monteith 模型[66]利用最高气温、最低气温、相对湿度、净辐射、风速数据计算得到。气象数据由国家气候中心提供，数据质量经过严格控制，且用双累计曲线法检验数据的一致性。由于流域内的气象站点分布不均，本章采用泰森多边形法计算流域的各气象要素和潜在蒸散发量平均值。

由表 3-1 可得，本章所选 4 个流域各气象水文变量年均值相差较大，湿润区和半湿润半干旱区流域之间差异尤为明显，说明其物理水文过程及其主要影响因素也存在很大的不同，适合用于本章的对比研究。

表 3-1　各流域气象水文信息

水文站点	所在流域	集水面积/km^2	年均最高气温/℃	年均最低气温/℃	年均相对湿度/%	年均净辐射/[MJ/(m^2·d)]	年均风速/(m/s)	年均降雨量/mm	年均潜在蒸散发量/mm	年均径流深/mm
龙川	东江	7694	24.8	15.7	80	9.5	1.6	1638	1104	833
万家埠	修河	3548	22.0	13.5	79	9.4	2.1	1656	1082	961
龙门镇	洛河	5275	19.7	8.5	67	10.0	1.5	731	1133	147
旗下营	大黑河	2936	10.6	−4.4	58	11.5	2.5	394	1085	29

3.4　研　究　方　法

3.4.1　趋势检验方法

用于分析气象水文时间序列趋势变化的统计方法众多,其中 Mann-Kendall 趋势检验法是应用较广泛的一种,且被世界气象组织所推荐[121]。Mann-Kendall 趋势检验法为非参数检验方法,最初由 Mann 和 Kendall 提出,该方法在使用时序列不需要服从一定的分布,且不受少数极端异常值的干扰,被广泛应用于降水、气温、径流等气象水文时间序列的趋势分析。

但 Mann-Kendall 趋势检验法要求序列随机独立,而降水、径流等气象水文序列存在明显的自相关性,故使用 Mann-Kendall 趋势检验法分析气象水文序列的变化趋势可能会出现误差[122]。为此 Hamed 和 Rao 提出了一个考虑序列自相关性的改进方法(本章简称 MMK 法),能更好地应用于水文气象的趋势分析[122]。

Mann-Kendall 趋势检验法是计算序列 $X = x_1, x_2, \cdots, x_n$ 的统计量 S:

$$S = \sum_{i<j} \mathrm{sgn}(x_j - x_i) \tag{3-1}$$

其中,

$$\mathrm{sgn}(x_j - x_i) = \begin{cases} 1 & x_j > x_i \\ 0 & x_j = x_i \\ -1 & x_j < x_i \end{cases} \tag{3-2}$$

统计量 S 的方差为

$$\mathrm{Var}(S) = \frac{n(n-1)(2n+5)}{18} \tag{3-3}$$

为检验统计量可计算 Z 值:

$$Z = \begin{cases} \dfrac{S-1}{\sqrt{\mathrm{Var}(S)}} & S > 0 \\ 0 & S = 0 \\ \dfrac{S+1}{\sqrt{\mathrm{Var}(S)}} & S < 0 \end{cases} \tag{3-4}$$

通过对比 $|Z|$ 与 $Z_{1-\alpha/2}$ (α 为置信水平)判断是否通过显著性检验。

当序列存在自相关性时,MMK 法将考虑序列自相关性对 $\mathrm{Var}(S)$ 的影响,对 $\mathrm{Var}(S)$ 进行修正。

序列的趋势估计量为

$$b = \text{median}\left(\frac{x_j - x_i}{j - i}\right)(1 \leqslant i < j \leqslant n) \tag{3-5}$$

序列 $X = x_1, x_2, \cdots, x_n$ 去趋势化得到新序列 $X^* = x_1^*, x_2^*, \cdots, x_n^*$，

其中

$$x_i^* = x_i - b \times i \tag{3-6}$$

自相关函数

$$\rho_s(i) = \frac{\sum\limits_{k-1}^{n-1}(R_k - R)(R_{k+i} - R)}{\sum\limits_{k-1}^{n}(R_k - R)^2} \tag{3-7}$$

其修正系数

$$\text{Cor} = 1 + \frac{2}{n(n-1)(n-2)} \times \sum\limits_{i=1}^{n-1}(n-i)(n-i-1)(n-i-2)r(i) \tag{3-8}$$

对 $\text{Var}(S)$ 进行修正可得到

$$\text{Var}^*(S) = \text{Var}(S) \times \text{Cor} \tag{3-9}$$

然后再计算 Z 值进行判断。

本章利用 MMK 法分析所选流域的气象水文要素的趋势变化，定性分析气候变化对流域潜在蒸散发和径流的影响。

3.4.2　水文变异检验方法

时间序列变异检测方法众多，考虑到单一检测方法得到的结果可能具有偶然性，故本章选取滑动 T 检验法[123]、滑动秩和检验法[124]两种检验方法对所选的 4 个水文站点 1960～2000 年的年径流序列进行突变检验。

1）滑动 T 检验法

传统的 T 检验法是设滑动点 t 前后的两个序列总体为 $F_1(x)$ 和 $F_2(x)$，然后分别从两总体中抽容量为 n_1 和 n_2 的两个样本，检验原假设：$F_1(x) = F_2(x)$。定义统计量为

$$T = \frac{x_1 - x_2}{S_w\left(\dfrac{1}{n_1} + \dfrac{1}{n_2}\right)^{1/2}} \tag{3-10}$$

T 服从 $t(n_1 + n_2 - 2)$ 分布，在显著性水平 α 下，当 $|T| > t/2$ 时，拒绝原假设，两总体差异显著，当 $|T| < t/2$ 时，则接受原假设。

传统的 T 检验法用于验证已知的变异点，但不能检测出具体的变异点。滑动 T 检验法在传统 T 检验法的基础上对原水文序列的驻点进行检验，将所有满足条

件$|T| > t/2$ 的时间点视为可能的变异点,再确定统计值 T 的极大值点作为最终水文序列变异点。滑动 T 检验通过检验两组样本平均值之间的差异是否显著来判断突变,对某一时间序列的两段子序列,假定它们所服从正态分布方差相等,如果两者的均值差异超出一定的显著性水平 α,则可以认为发生突变。

2)滑动秩和检验法

滑动秩和检验法是对变异点前后的序列分别设其总体分布函数为 $F_1(x)$ 和 $F_2(x)$。然后从总体 $F_1(x)$ 和 $F_2(x)$ 中分别抽取容量为 n_1 和 n_2 的两个样本,检验原假设 $F_1(x) = F_2(x)$。

首先将两个样本序列依据大小顺序统一排列并编号,并且把每个数据在排列中所对应的序数定为该数的秩,对于相同的数值,则用它们序数的平均值作为秩。然后对其中的小容量样本各数值的秩进行求和得到 W,进而根据统计量 W 进行检验。利用秩和检验法对各站点水文序列逐点进行检验,检测出伴随概率 $p \leq \alpha$ 或满足 $|U| > U(\alpha/2)$ 的所有可能变异点,然后选择 p 最小或 U 统计量计算值达到最大值的点作为该水文序列的变异点。

3.4.3　潜在蒸散发的计算方法

潜在蒸散发的计算方法主要有空气动力法、能量平衡法及空气动力学与能量平衡结合的综合法等[125],很多学者也提出了各种潜在蒸散发计算模型,有 Penman-Monteith 模型[66]、Hargreaves 模型[126]、Makkink 模型[127]、Priestley-Taylor 模型[128]等。本章选取目前应用最为广泛的 1998 年由 FAO 修正的 Penman-Monteith 公式来计算流域潜在蒸散发。其中参考下垫面为植被高度 0.12m 的草地,固定表面阻抗为 70s/m,反照率为 0.23,计算公式见式(2-7)。

本章参考刘昌明和张丹[62]的研究,东江上游和鄱阳湖修河流域经验系数取值:$a_s = 0.17$,$b_s = 0.60$,黄河下游洛河流域和黄河中上游大黑河流域经验系数取值:$a_s = 0.22$,$b_s = 0.53$。

3.4.4　水文模拟方法

水文模型通常可分为概念性水文模型和分布式水文模型[130]。分布式水文模型不仅参数复杂,需要大量的土壤、下垫面等物理、化学参数,而且对驱动数据要求较高,在一些资料缺乏地区往往不适用或精度达不到要求。而概念性水文模型不仅有较完整的物理基础,能科学地表达水文过程,而且所需参数少于分布式水文模型,且已有众多研究[112, 131]表明概念性水文模型在很多流域上能得到较满意的模拟效果。由 3.2 节的研究区概述可知本章所选取的流域面积较小,水文气象条件空间差异也较小。为了避免单一水文模型模拟结果的偶然性，因此，本章选取澳大利亚水量平衡模型（Australia water balance model，简称 AWBM 模型）、SAC 模型和 Simhyd 模型 3 个概念性水文模型进行水文模拟。

1）AWBM 模型

AWBM 模型是基于水量平衡原理的集总式降水径流模型[132]，有小时、日和月几个计算时段，输入数据包括降水、潜在蒸散发和径流。

AWBM 模型设置了 3 种不同的地表水储蓄，储蓄能力分别为 $C1$、$C2$、$C3$，每种地表水储量对应流域面积与总流域面积比例为 $A1$、$A2$、$A3$，并满足条件 $A1 + A2 + A3 = 1$，且不同地表水储蓄之间相互独立。

在模型运算过程中，如果地表水储蓄出现负值，则设为 0；如果地表水储蓄量超过其容量值，则超出部分（Excess）将按基流衰退系数（BFI）转化为地表径流储蓄和补充基流储蓄。

$$\text{Excess}(n,m) = \text{Store}(n,m) - C(m) \tag{3-11}$$

$$S(n) = S(n-1) + \sum_{m=1}^{3} [(1 - \text{BFI}) \times \text{Excess}(n,m)] \tag{3-12}$$

$$\text{BS}(n) = \text{BS}(n-1) + \sum_{m=1}^{3} [\text{BFI} \times \text{Excess}(n,m)] \tag{3-13}$$

式中，$\text{Excess}(n,m)$ 为第 m 个地表水储蓄在第 n 时段内的超出部分；$\text{Store}(n,m)$ 表示第 m 个地表水储蓄在第 n 个时段内的蓄水量；$C(m)$ 为第 m 个地表水储蓄的容量值；$S(n)$、$\text{BS}(n)$ 分别表示时段 n 内的地表径流和基流储量；BFI 为基流衰退系数。地表径流和基流的汇流利用一元线性水库出流理论进行汇流演算，再将流域出口的地表径流和基流进行线性叠加得到时段内的模拟径流。

2）SAC 模型

SAC 模型是加利福尼亚萨克拉门托河流预报中心在斯坦福（Stanford）模型的基础上改进的集总式概念性水文模型，已有较多研究表明 SAC 模型适用于我国众多流域[118,133,134]。SAC 模型驱动数据较为简单，包括降水、潜在蒸散发和径流，但结构较为复杂，参数较多（17 个）。

SAC 模型将土壤水分分为上层张力水和上层自由水、下层张力水和下层自由水。张力水只消耗于蒸发，而自由水可以向下渗漏及旁侧出流，在一定条件下还可以补给张力水，土壤下渗量根据 Holtan 下渗曲线计算。

在模型运算过程中，模型将流域划分为 3 部分：透水面积、不透水面积和可变不透水面积，而径流分为直接径流、地表径流、壤中流及地下径流。不透水面积和可变不透水面积上的降水形成直接径流，降水满足上层土壤水容量后的剩余部分形成地表径流；而壤中流和地下径流则由上层自由水和下层自由水产生，利用无因次单位线和一元线性水库出流理论计算。

3）Simhyd 模型

Simhyd 模型是一个同时考虑超渗和蓄满两种产流机制的集总式降水径流模型，已广泛应用于澳大利亚、美国和我国等多个湿润和干旱流域[112, 135-137]。模型有小时、日和月 3 种计算时段，模型输入包括逐时段降水量、流域潜在蒸散发和实测径流量。

Simhyd 模型计算过程：降水首先被地表植被截留，剩余部分降落到地面然后下渗，若超过下渗能力则超过部分形成地表径流，而下渗的水量则补充土壤水和地下水、转化为壤中流。依据一元线性水库出流理论计算地下径流，基于蓄满产流机制，利用土壤含水量线性估算壤中流，最后将地表径流、壤中流和地下径流线性叠加得到模拟的河川径流。

4）模型结果评价

本章选取 AWBM 模型、SAC 模型及 Simhyd 模型对所选的 4 个流域进行月径流模拟，模型优化方法统一采用 Genetic 算法进行参数率定，径流过程的模拟效果采用 Nash 和 Sutcliffe[138]提出的 NSE 评定：

$$NSE = 1 - \frac{\sum_{i=1}^{N}(Q_{obs_i} - Q_{sim_i})^2}{\sum_{i=1}^{N}(Q_{obs_i} - Q_{bar})^2} \quad （3-14）$$

式中，NSE 为纳什系数，在 0~1 变化，越接近 1 说明模拟效果越好，Moriasi 等[139]认为 NSE＞0.5 时模拟结果可用，NSE＞0.6 结果较好，NSE＞0.75 结果很好；Q_{obs_i} 和 Q_{sim_i} 分别为第 i 月的实测值和模拟值；Q_{bar} 为平均值；N 为序列长度。

3.4.5 敏感性分析方法

目前用于分析径流和潜在蒸散发对气候变化敏感性的方法有很多，而应用最为广泛的主要有统计分析法[140]、基于 Budyko 假设的气候弹性法[60, 108, 109, 140]和模型计算法[92, 97, 117]。利用模型计算一般有两种途径：一是将降尺度的全球气候模式（GCMs）的输出结果直接输入潜在蒸散发模型和水文模型中，进而评估气候变化对潜在蒸散发、径流等过程的敏感程度；二是利用假定的气候情景驱动潜在蒸散发模型和水文模型，分析区域水文过程对不同气象要素的敏感性。由于全球气候模式输出的气候情景具有很大的不确定性，其对评价结果造成的影响远大于模型和其他因素的影响[141]，因此本书采用假定的气候情景分析潜在蒸散发和径流对气候变化的敏感性。前人已有较多关于水文过程对降水的响应的研究，且本书同时分析径流和潜在蒸散发对气象要素的响应，故选取气温、相对湿度、净辐射和风速这 4 个气象要素。至 21 世纪末，我国气温可能增加 1.3～5℃，综合考虑我国未来的气候变化趋势，并在此基础上设置比国家气候变化评估报告预估的情景稍大的气候情景：气温变化为 +2℃、+4℃、+6℃、+8℃，净辐射变化为–10%、–5%、+5%、+10%，相对湿度变化为–10%、–5%、+5%、+10%（相对湿度数据转换成小数），风速变化为–20%、–10%、+10%、+20%，当其中一个气象要素改变时，其他要素保持不变。将设定的气候情景输入 Penman-Monteith 模型和水文模型中，得到不同情景下的潜在蒸散发和径流，再与变化前的潜在蒸散发和径流在年尺度和年内尺度（雨季和旱季）进行对比，进而评估潜在蒸散发和径流对气象要素的敏感性。

3.5　水文气象要素变化特征分析

3.5.1　趋势分析

1）水文气象要素变化趋势分析

本章采用 MMK 法对东江龙川以上流域、修河万家埠以上流域、洛河龙门镇以上流域及大黑河旗下营以上流域的 1960～2000 年这 41 年的年均最气温、相对湿度、净辐射、风速、降水、潜在蒸散发量和径流等气象水文要素进行趋势分析，设置 95%的置信水平，结果见表 3-2。

表 3-2　水文气象要素 MMK 趋势检验统计表

水文站点	所在流域	相对湿度	净辐射	气温	风速	降水	潜在蒸散发	径流
龙川	东江	0.92	**–6.5**	1.11	**–6.76**	0.22	**–6.83**	1.49
万家埠	修河	**2.68**	**–4.23**	0.65	**–7.26**	**4.94**	**–4.43**	**7.59**
龙门镇	洛河	**2.65**	**–3.47**	1.86	**–10.64**	–1.18	**–4.22**	**–5.76**
旗下营	大黑河	0.62	0.83	**5.04**	**–6.98**	–0.65	**–1.45**	**–3.47**

注：正值表示增加；负值表示减少；加粗数值表示在 95%置信水平下趋势显著。

由表 3-2 可见，不同的水文气象要素在不同的流域上呈现不同的变化趋势。相对湿度在各流域上均呈现增加趋势，其中修河万家埠以上流域和洛河龙门镇以上流域增加趋势显著，而东江龙川和大黑河旗下营以上流域则未达到 95%置信水平；净辐射变化明显，除大黑河旗下营以上流域呈不显著的增加趋势外，其余流域均呈显著减少趋势，且从南向北，其显著性逐渐减小，这可能与暖季期间的气团交绥、锋面进退频繁、空气潮湿等有关[142]；气温在各流域均呈上升趋势，且大黑河旗下营以上流域通过 95%的置信水平检验；与气温的变化趋势相反，风速在各流域均显著下降。

以上气象要素变化主要是通过影响流域蒸散发进而改变流域的径流，而降水的多少直接影响流域的径流，本章分析的 4 个流域中，两个湿润区流域（东江上游流域、修河上游流域）降水呈增加趋势，且修河流域降水显著增加，而半湿润区洛河上游和半干旱区大黑河旗下营以上流域降水均出现不显著的减少趋势；潜在蒸散发量在 4 个流域均出现减少趋势，且除了大黑河旗下营以上流域，其他流域减少趋势均通过 95% 的置信水平检验，这与我国普遍存在"蒸发悖论"[143]这一研究结果相一致；4 个研究流域上的径流呈现了不同的变化趋势，湿润区的东江上游和修河上游流域径流呈增加趋势，且修河上游流域增加趋势显著，而龙门镇和旗下营以上流域的年径流深均以显著趋势减少。

2）变化幅度分析

为了更直观地表示各流域上水文气象要素的变化趋势，绘制各流域的年降雨量、年潜在蒸散发量及年径流深的变化趋势图（图 3-2～图 3-5）。

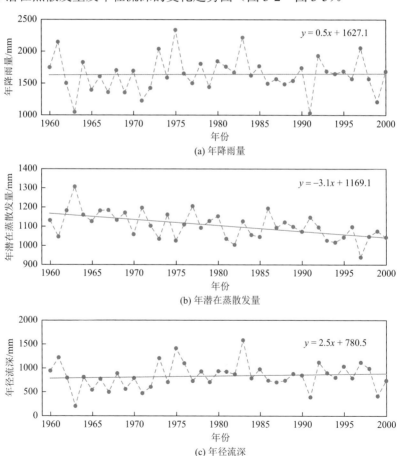

(a) 年降雨量

(b) 年潜在蒸散发量

(c) 年径流深

图 3-2　东江龙川以上流域水文气象要素年变化趋势

结合图 3-2 和表 3-2 可得，东江龙川以上流域 1960～2000 年，年降雨量以 0.5mm 的速率呈不显著增加，而年潜在蒸散发量则以 3.1mm 的速率显著减少，在降雨量增加和潜在蒸散发量减少的共同作用下，年径流深增加，但并不显著，增加速率为 2.5mm/a。

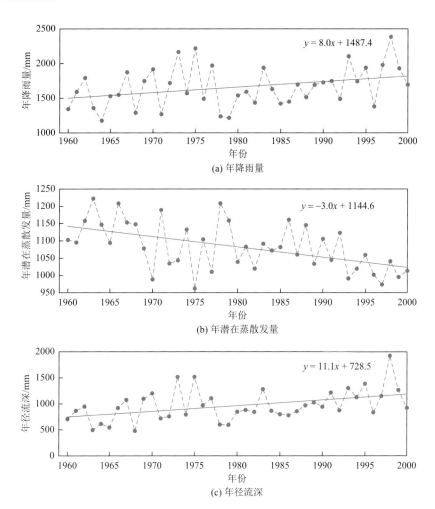

图 3-3　修河万家埠以上流域水文气象要素年变化趋势

结合图 3-3 和表 3-2 可得，修河万家埠以上流域 1960～2000 年，年降雨量以 8.0mm 的速率呈显著增加，而年潜在蒸散发量则以 3.0mm 的速率显著减少，在降雨量增加和潜在蒸散发量减少的共同作用下，年径流显著增加，增加速率为 11.1mm/a。

结合图 3-4 和表 3-2 可得，洛河龙门镇以上流域 1960～2000 年，年降雨量呈不显著减少趋势，减少速率为 1.7mm/a，年潜在蒸散发量以 4.0mm 的速率显著减少，降雨量的下降使径流减少，而潜在蒸散发的减少导致径流增加，两者的作用趋势相反。洛河龙门镇以上流域在降雨量和潜在蒸散发量同时减少的情况下，年径流深以 4.3mm 的速率显著减少，说明该流域降雨对径流的变化贡献更大。

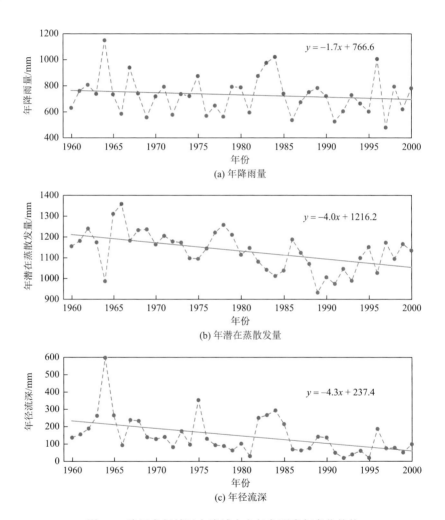

图 3-4　洛河龙门镇以上流域水文气象要素年变化趋势

结合图 3-5 和表 3-2 可得，大黑河旗下营以上流域 1960～2000 年，年降雨量呈不显著减少趋势，减少速率为 0.35mm/a，年潜在蒸散发量以 0.6mm 的速率减少，但并不显著，而年径流深以 0.28mm 的速率显著减少。

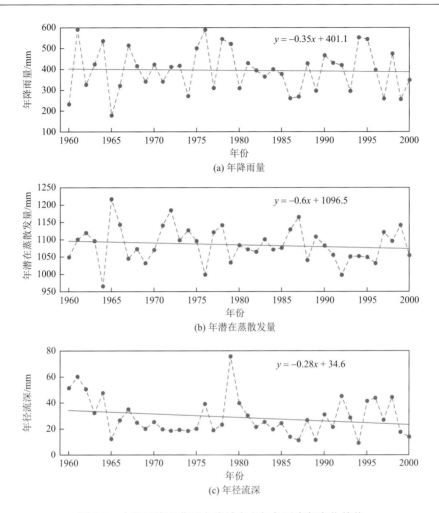

图 3-5　大黑河旗下营以上流域水文气象要素年变化趋势

总地来说，4 个流域的年潜在蒸散发量均呈减少趋势，两个湿润区流域的年降雨量和径流呈增加趋势，而两个半湿润半干旱区流域的年降雨量和年径流深则呈减少趋势。Cong 等[101]在我国的研究结果也表明，1956～2005 年，北方流域径流减少，而南方流域径流增加。

3.5.2　水文变异分析

本章选取滑动 T 检验法、滑动秩和检验法两个检验方法对所选的 4 个水文站点 1960～2000 年的年径流序列进行突变检验，显著性水平取 0.05，突变检验的结果见表 3-3，所有突变点均通过显著性水平为 0.05 的显著性检验。

表 3-3　水文变异分析结果

水文站点	所在流域	检验方法	
		滑动 T 检验法	滑动秩和检验法
龙川	东江	1973 年	1973 年
万家埠	修河	1992 年	1987 年
龙门镇	洛河	1985 年	1985 年
旗下营	大黑河	1974 年	1974 年

从表 3-3 可以得出，利用滑动 T 检验法、滑动秩和检验法对东江龙川水文站年径流进行突变检验，发现突变年份均为 1973 年。龙川水文站位于枫树坝水库下游，而枫树坝水库的建成时间为 1973 年，这与检测到的突变年份相一致。且已有研究表明东江流域受气候变化和人类活动影响，年降水和蒸发的突变年份与径流突变年份吻合，均发生在 1973 年[144, 145]。

修河万家埠水文站径流序列由两种检验方法得到的突变结果不一致，滑动 T 检验法检测到突变年份为 1992 年，而滑动秩和检验法则为 1987 年。经调查分析，位于修河流域的大墩水库于 1961 年动工开建，在 1992 年建成运行，这与检测到的径流突变年份相吻合，故认为大墩水库的建设是修河径流发生突变的主要原因。

利用两种检验方法对洛河龙门镇站和大黑河旗下营站的年径流进行突变检验，得到两个水文站年径流的突变时间分别为 1985 和 1974 年。已有研究表明，黄河流域在近几十年气候变化明显，温度呈显著上升趋势[146]，大部分地区降水减少，且显著变异时间主要集中在 1963~1998 年，整个流域的气候变化对流域内水文站点的径流序列变异产生很大影响[147]。

总地来说，4 个水文站点的水文变异时间均在 1972 年之后，各水文站点的年径流序列发生突变主要是气候变化和人类活动引起的。而在后续的水文模拟工作中，为了避免气候变化和人类活动对模拟结果造成较大的干扰，同时为了方便比较，本章统一选取水文变异前的序列，即 1960~1972 年的水文序列进行水文模拟。

3.6　水文模型在研究流域上的应用与比较分析

本章采用水文模型的方法分析径流等对气候变化的敏感性，在进行敏感性分析之前，需研究各个模型在各个流域上的适用性，并从模拟结果出发，结合模型结构机理等对模型在湿润区和半湿润半干旱区的模拟效果进行比较分析。本章选取 AWBM 模型、SAC 模型和 Simhyd 模型进行水文模拟，根据 3.5.2 节的水文变异分析结果，统一选取各流域水文变异前的气象水文资料作为模型输入，即 1960~1972 年的降水、潜在蒸散发和径流序列，其中 1960~1968 年为率定期，1969~1972 年为验证期，模型均采用纳什系数（NSE）作为目标函数，采用 Genetic 算法进行参数率定。

3.6.1　模型结构比较

水文模型是一个将各个水文循环过程抽象组合起来的一个系统，而不同的建模人员对水文过程的理解和采取的表达会有所差异，造成水文模型的表达方式和结构也不尽相同[131]。根据 3.4.4 节对所选水文模型的简介，对于所涉及的 3 个水文模型的结构差异，本部分主要从是否考虑水源划分、雨雪转化、产流机制、汇流计算、汇流顺序和模型参数等方面进行简要的比较分析，结果见表 3-4。

表 3-4　3 个概念性水文模型结构比较表

模型	水源划分	雨雪转化	产流机制	汇流计算	汇流顺序	模型参数
AWBM	地表径流 地下径流	不考虑	蓄满产流	一元线性水库 出流理论	先汇后合	8
SAC	直接径流 地表径流 壤中流 地下径流	不考虑	蓄满产流	无因次单位线 一元线性水库 出流理论	先汇后合	16
Simhyd	地表径流 壤中流 地下径流	不考虑	蓄满产流、 超渗产流	一元线性水库 出流理论 Laurenson 非 线性演算函数	先合后汇	9

流域径流一般由地表径流、壤中流和地下径流组成，不同的组分其汇流过程也不一样。本章所选取的 3 个模型其水源划分都不一样，AWBM 模型是 2 水源，将径流划分为地表径流和地下径流；SAC 模型是 4 水源，不透水面积及可变不透水面积的降水形成直接径流，满足蓄水容量后的降水形成地表径流，壤中流由上层自由水形成，地下径流则是来源于下层自由水；Simhyd 模型是 3 水源，地表截留后的降水减去入渗强度得到地表径流，然后根据土壤湿度线性计算得到壤中流，再利用地下水一元线性水库出流理论划分出地下径流。

在高寒地区，冰雪融水是流域径流的一个重要来源，但下雪一般发生在冬季，而融雪一般发生在春季，其时间跨度较大，径流计算较为复杂，所以在一般的降水径流模型中很少考虑雨雪转化情况，本章所涉及的 3 个模型均不考虑。

流域产流是流域上降水经过地表截留、下渗及蒸散发等一系列过程从而得到流域径流深的过程，一般有蓄满产流、超渗产流和综合产流。蓄满产流以包气带缺水量为控制条件，一般发生在降水较充沛的湿润、半湿润地区；超渗产流则以降雨强度是否超过下渗强度为控制条件，一般发生在包气带较厚、地下水位较低的地区；综合产流则是在产流区的不同时间、不同区域上存在蓄满产流和超渗产流。由表 3-4 可得 AWBM 模型和 SAC 模型均是蓄满产流模式，而 Simhyd 模型同时具有蓄满产流和超渗产流模式，在降水强度较大时，经过地表截留后的剩余降水超过下渗能力则产生超渗地表径流，下渗水量补充土壤层蓄水，壤中流根据土壤湿度线性计算，当满足土壤蓄水容量后，多余水分补充地下水库产生地下径流。

汇流是流域净雨经过流域的作用后，在流域出口形成流量过程的过程。汇流是一个极为复杂的过程，难以单纯使用水力学的方法进行求解，只能对流域汇流进行概化处理。本章所选的 3 个水文模型均是采用比较传统的汇流方法，AWBM 模型的地表径流和地下径流的汇流利用一元线性水库出流理论进行汇流演算，再将流域出口的地表径流和地下径流进行线性叠加得到时段内的模拟径流；SAC 模型的直接径流和地表径流利用无因次的单位线进行汇流演算，壤中流和地下径流则利用一元线性水库出流理论进行汇流计算，最后再将流域出口的各组分进行线性叠加；Simhyd 模型则是先将地表径流、壤中流和地下径流相加得到总径流，再利用 Laurenson 非线性演算函数进行汇流演算得到流域出口的径流过程。

3.6.2　模拟结果对比分析

本章选取两个湿润、两个半湿润半干旱流域作为研究流域，模型采用纳什系数（NSE）作为目标函数，采用 Genetic 算法进行参数率定，得到不同模型在 4 个流域上率定期和验证期的 NSE 月径流模拟结果（表 3-5）。

表 3-5　不同模型在 4 个流域上率定期和验证期的 NSE 月径流模拟结果

模型	时期	东江龙川	修河万家埠	洛河龙门镇	大黑河旗下营
AWBM	率定期	0.97	0.96	0.87	0.87
	验证期	0.94	0.93	0.83	0.84
SAC	率定期	0.96	0.93	0.87	0.85
	验证期	0.89	0.89	0.83	0.82
Simhyd	率定期	0.92	0.92	0.90	0.90
	验证期	0.86	0.87	0.87	0.87

　　由表 3-5 的统计结果可以看出，AWBM、SAC 和 Simhyd 3 个概念模型在 4 个流域都有较好的适用性，月径流模拟效果都很好，均超过 0.8，而且各模型在各流域均表现出率定期的模拟精度优于验证期。在东江龙川以上流域和修河万家埠以上流域两个湿润区流域上，虽然表 3-5 中的 3 个概念性水文模型的模拟效果均超过 0.8，但各模型之间还是存在差异：AWBM 模型在率定期和验证期的模拟精度均超过 0.9，SAC 模型在率定期模拟效果很好，而在验证期的精度则较差，均未达到 0.9，Simhyd 模型在两个流域的率定期和验证期精度都超过 0.8，但与其他两个模型还有一定差距。总之，3 个模型在湿润区流域的模拟结果相差不大，适用性较高，主要是因为湿润区以蓄满产流为主，而 3 个水文模型的产流模式都有蓄满产流，能基本反映湿润地区的降水径流过程，这与何思为等[131]的研究结果相一致。

　　在半湿润半干旱区（洛河龙门镇以上流域和大黑河旗下营以上流域），AWBM 模型和 SAC 模型对月径流的模拟精度明显要低于湿润区流域，AWBM 模型在两个半湿润半干旱流域的月径流模拟精度均未达到 0.9，率定期模拟效果优于验证期，验证期的模拟精度均在 0.85 以下，SAC 模型在两个流域的模拟效果与 AWBM 模型类似，但在半干旱区旗下营以上流域的月径流模拟效果要稍逊于 AWBM 模型；而 Simhyd 模型在半湿润半干旱区流域的径流模拟效果明显比 AWBM 模型和 SAC 模型好，率定期和验证期的模拟精度均超过 0.85，因为半湿润半干旱地区以超渗产流为主，而考虑超渗产流的 Simhyd 模型能较好地模拟半湿润半干旱区流域的径流过程。由于半湿润半干旱区降水时空分布极其不均，局部产汇流现象较为普遍[148]，径流过程更为复杂，概念性水文模型对流域径流的模拟效果比湿润区的模拟效果差，而对于模型而言，考虑超渗产流机理的水文模型更适用于半湿润半干旱区流域。

　　为更直观地比较各流域上不同模型对其月径流过程的模拟效果，现给出各流域不同模型的实测月径流深与模拟月径流深过程对比图（图 3-6～图 3-9）。

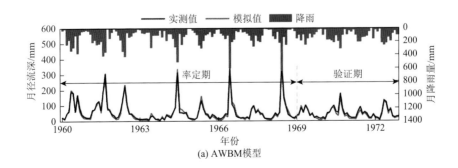

(a) AWBM模型

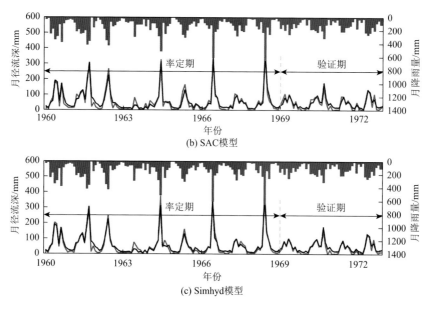

图 3-6 东江龙川以上流域实测月径流深与模拟月径流深对比

根据图 3-6 可以很直观地看出在东江龙川以上流域上 3 个概念性水文模型均表现出对径流过程中的峰值模拟效果更好，率定期的模拟效果优于验证期。3 个模型中，AWBM 模型对月径流过程的模拟最接近实测径流过程，Simhyd 模型次之，SAC 模型最差，然而由表 3-5 可得 SAC 模型的月径流深模拟 NSE 明显大于 Simhyd 模型，可见单一地用 NSE 作为模型模拟效果的评判标准存在一定的不足，NSE 只是从整体上评价模型对径流的模拟精度，而不能具体反映径流过程的模拟效果。

图 3-7 显示在修河万家埠以上流域，AWBM 模型、SAC 模型及 Simhyd 模型对径流峰值表现出更好的模拟效果，率定期的径流过程模拟要优于验证期。AWBM 模型对修河万家埠以上流域的月径流过程模拟效果最佳，SAC 模型和 Simhyd 模型对径流过程的模拟效果略差于 AWBM 模型，且 SAC 模型和 Simhyd

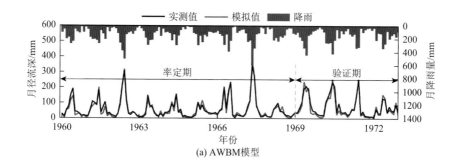

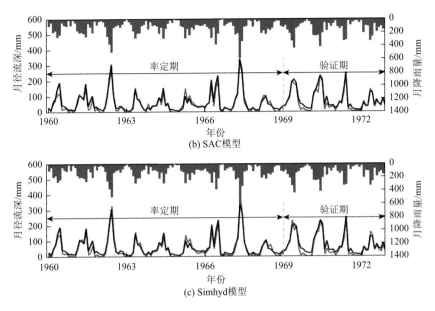

图 3-7　修河万家埠以上流域实测月径流深与模拟月径流深对比

模型在率定期的径流过程模拟效果相差不大，验证期则 SAC 模型稍胜一筹，这与两者的 NSE 结果相一致。

由图 3-8 可见，在半湿润区的洛河龙门镇以上流域，3 个概念性水文模型对其

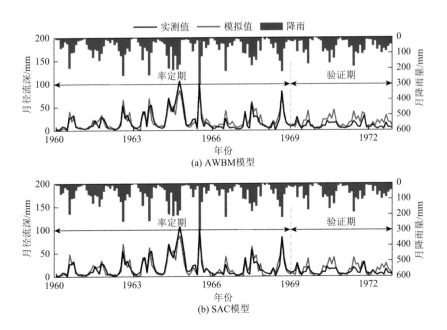

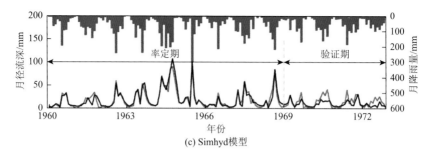

(c) Simhyd模型

图 3-8　洛河龙门镇流域实测月径流深与模拟月径流深对比

月径流过程的模拟效果均比湿润区的两个流域差，主要表现在月径流峰值模拟偏差较大，特别是验证期峰值区模拟值明显大于实测值。且对比 3 个模型的月径流深模拟过程，发现产流机制只有蓄满产流的 AWBM 模型和 SAC 模型的模拟效果要略差于既有蓄满产流又考虑了超渗产流的 Simhyd 模型。此外，在每年初春时期，3 个模型对月径流深的模拟值均略小于实测值，这主要是因为本章所选的 3 个水文模型都没有考虑冰雪转化，而位于黄河中下游的龙门镇流域在每年春季有一部分径流是来源于冰雪融水。

　　如图 3-9 所示，在半干旱区的大黑河旗下营以上流域，各模型对月径流过程的模拟效果较好，但对峰值的模拟均偏小。相比较而言，考虑了超渗产流模式的 Simhyd 模型对月径流过程的模拟效果比其他两个模型好，主要是因为在半干旱区

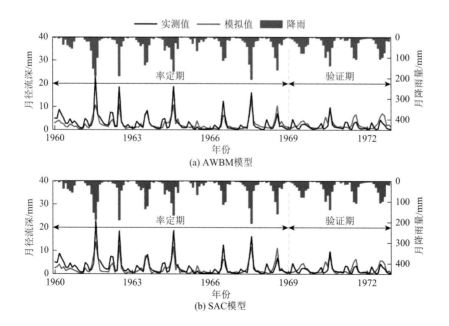

(a) AWBM模型

(b) SAC模型

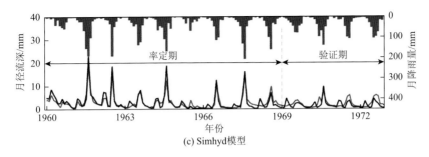

图 3-9　大黑河旗下营以上流域实测月径流深与模拟月径流深对比

以超渗产流为主，Simhyd 模型更能反映其实际的水文过程。类似于洛河龙门镇以上流域，在每年初春时期，3 个模型对月径流深的模拟值均明显小于实测值，位于高寒地区的大黑河旗下营以上流域在每年初春时期的径流有很大一部分是来源于冰雪融水，而模型中没有考虑冰雪融水补给，使得这段时间内的径流模拟值明显小于实测值。

3.7　径流与潜在蒸散发对气候变化的敏感性分析

气候变化已进一步加剧水资源系统的脆弱性，越来越多的学者关注水资源系统对气候变化的敏感性。本章采用假定的气候情景分析潜在蒸散发和径流对气候变化的敏感性。气候情景设置详见 3.4.5 节。

3.7.1　年尺度下敏感性分析

1）年均潜在蒸散发对气象要素的敏感性分析

从图 3-10 可以看出，在年尺度上，本章所选的 4 个气象要素中，除了相对湿度外，其余 3 个气象要素与流域潜在蒸散发均为正相关关系，气温、净辐射、风速的增加均能使流域蒸散发增加，而相对湿度的增加则导致潜在蒸散发减少，但不同气象要素之间对潜在蒸散发的改变量有很大的差异。流域年均潜在蒸散发对气温更为敏感，气温增加 8℃能引起不同流域上年均潜在蒸散发增加 16%～25.4%；潜在蒸散发对相对湿度和净辐射的敏感性较弱，且二者相差不大，相对湿度增加 10%能使得不同流域上年均潜在蒸散发减少 5%～9%，而净辐射增加 10%则使得不同流域上年均潜在蒸散发增加 6%～8%；风速的改变对流域潜在蒸散发的影响最小，风速增加 20%，各流域上年均潜在蒸散发才增加 1.5%～2.8%。所以，在本章所选取的 4 个气象要素中，年均潜在蒸散发对气象要素的敏感性为：气温＞相对湿度＞净辐射＞风速，其中相对湿度和净辐射对潜在蒸散发的影响量相差不大。

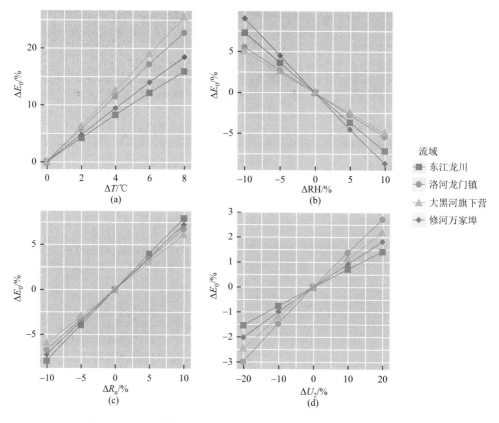

图 3-10 4 个流域上年均潜在蒸散发对气象要素的敏感性分析图

ΔE_0 为年均潜在蒸散发改变百分比；ΔT、ΔRH、ΔR_n、ΔU_2 分别为气温、相对湿度、净辐射及风速的改变量

此外，在湿润区流域和半湿润半干旱区流域上年均潜在蒸散发对同一气象要素的敏感性也有所差异。如图 3-10 所示，在湿润区的两个流域上（东江龙川和修河万家埠）年均潜在蒸散发对气温的敏感性要弱于半湿润半干旱区上的两个流域（洛河龙门镇和大黑河旗下营），气温增加 8℃，两个湿润区流域的年均潜在蒸散发增加16% 和 18%，而两个半湿润半干旱区流域年均潜在蒸散发的增加量则达到 22.8% 和25.4%，且降雨量越小的流域潜在蒸散发对气温越敏感；与气温的表现相反，年均潜在蒸散发对相对湿度敏感性在两个湿润区流域更强，相对湿度增加 10% 能使得年均潜在蒸散发减少 7% 和 9%，而在半湿润半干旱区的两个流域上的年均潜在蒸散发减少量为 5%；年均潜在蒸散发对净辐射的敏感性在湿润区流域要强于半湿润半干旱区流域，但差别不大，净辐射增加 10%，湿润区流域年均潜在蒸散发增加 7.9% 和 7.2%，而半湿润半干旱区流域年均潜在蒸散发增加 6.7% 和 6.0%；湿润区流域上风速变化引起潜在蒸散发的改变量要小于半湿润半干旱区流域，风速增加 20% 仅使

得湿润区流域潜在蒸散发增加 1.5%和 1.8%，而能使半湿润半干旱区流域上的潜在蒸散发增加 2.7%和 2.2%。总地来说，本章所选的气温、相对湿度、净辐射和风速这 4 个气象要素中，气温和风速的变化对年均潜在蒸散发的改变在半湿润半干旱区流域更为敏感，而相对湿度和净辐射则表现为在湿润区流域更为敏感。

2）年均径流对气象要素的敏感性分析

根据图 3-11 可知，流域径流随着气温、净辐射及风速等气象要素的增加而减少，而随着相对湿度的增加而增加，这与 3.7.1 节第一部分中的结论（潜在蒸散发与气温、净辐射和风速呈正相关关系，与相对湿度呈负相关关系）相符合，因为在水文过程中，流域蒸散发的增加将导致径流的减少。且径流对各气象要素的敏感性与潜在蒸散发对气象要素的敏感性相类似，均是对气温更为敏感，其次是对相对湿度和净辐射，对风速的敏感性最弱。但由各气象要素变化引起的年均径流变化量和年均潜在蒸散发变化量却有所差异。气温增加 8℃，各流域上用不同水文模型模拟得到的年均径流减少 1.3%～10.2%；相对湿度增加 10%，将引起各流域年均径流增加 1.0%～6.3%；净辐射增加 10%，能使得各流域的年均径流减少0.6%～6.0%；风速增加 20%，仅使得各流域年均径流减少 0.13%～1.00%。由此可见，不同流域应用不同的水文模型模拟得到的年径流对气象要素的敏感性相差很大。与年均潜在蒸散发的改变量相比较，气候变化引起的年均径流变化量均小于潜在蒸散发的变化量，说明潜在蒸散发对气候变化更为敏感。因为气候条件的改变将直接作用于流域的蒸散发过程，对蒸散发过程的影响最为直接，而经过流域调节作用得到的径流过程对气候变化的响应程度则较小[112]。

在湿润区和半湿润半干旱区流域上年均径流对各气象要素的敏感性也有所差异。从图 3-11 可以看出，3 个模型在湿润区流域（东江龙川和修河万家埠）上得到的年均径流对气温的敏感性弱于于半湿润半干旱区流域（洛河龙门镇和大黑河旗下营）。气温增加 8℃，在湿润区的两个流域上，AWBM 模型和 SAC 模型模拟得到的年均径流减少 3%～6%，Simhyd 模型模拟得到的年均径流则减少 2%，而在半湿润半干旱区的两个流域上，AWBM 模型和 SAC 模型模拟得到的年均径流减少 8.3%～10.2%，Simhyd 模型模拟得到的年均径流则减少 5%左右；相对湿度对年径流的影响在湿润区更敏感，相对湿度增加 10%，湿润区流域上 AWBM模型和 SAC 模型模拟得到的年均径流增加 5.0%～6.3%，Simhyd 模型得到的年均径流增加 3.8%～4.3%，而半湿润半干旱区流域的年均径流则增加 1.0%～3.3%；净辐射对年径流的影响也是在湿润区更敏感，净辐射增加 10%，湿润区流域上 AWBM 模型和 SAC 模型模拟得到的年径流减少 4%～6%，Simhyd 模型得到的年径流减少 2.5%，而在半湿润半干旱区流域上 AWBM 模型和 SAC 模型得到的年均径流减少 1.5%～2.0%，Simhyd 模型得到的年径流减少 0.6%～1.1%；径流对风速的敏感性则在半湿润半干旱区流域更强，但风速的改变所引起的年

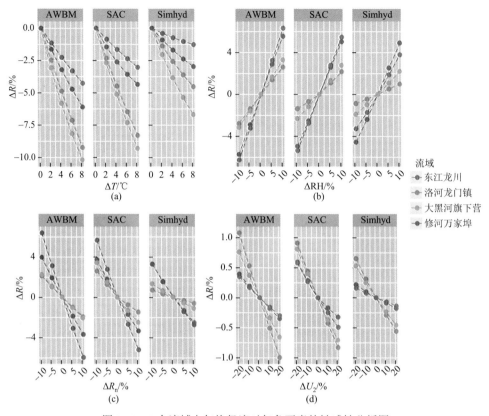

图 3-11　4 个流域上年均径流对气象要素的敏感性分析图

ΔR 为年均径流改变百分比

径流变化则相对小很多，风速增加 20%，湿润区流域上 AWBM 模型和 SAC 模型模拟得到的年径流减少 0.1%～0.5%，而半湿润半干旱区流域的年径流则减少 0.6%～1.0%。

总地来说，年均径流对气温和风速表现出在湿润区比在半湿润半干旱区更敏感，而对相对湿度和净辐射的敏感性则表现出在半湿润半干旱区更强，且由 AWBM 模型和 SAC 模型得到的径流比 Simhyd 模型得到的径流敏感性更强。与潜在蒸散发的敏感性相比较，径流对气候变化的响应程度较弱，但对各气象要素的敏感性顺序和在湿润区与半湿润半干旱区的表现相一致。

3.7.2　季节尺度下敏感性分析

分析季节尺度下径流和潜在蒸散发对气候变化的敏感性对年内的水资源优化配置具有更重要的意义。本章所选的流域均处于季风气候区，特别是位于珠江流域的东江龙川流域和鄱阳湖流域的修河万家埠流域均属于亚热带季风气候区，四季变化不分明，而雨季旱季分明，为方便比较，本章对所选流域统一划分 4～9 月为雨季，10 月至次年 3 月为旱季，进而比较分析雨季与旱季下径流和潜在蒸散发对气候变化的敏感性。

1）雨季径流和潜在蒸散发对气象要素的敏感性分析

从图 3-12 可以看出，雨季下的径流和潜在蒸散发对各气象要素的敏感性顺序为：气温＞相对湿度＞净辐射＞风速，其中相对湿度和净辐射的敏感性相差不大，这与年尺度下的敏感性顺序相一致。在雨季，各气象要素对径流和潜在蒸散发的影响量：气温增加 8℃，潜在蒸散发增加 12.5%～20.0%，径流减少 2.4%～10.7%；相对湿度增加 10%，潜在蒸散发减少 4.6%～7.8%，径流增加 0.7%～6.3%；净辐射增加 10%，潜在蒸散发增加 6.0%～8.4%，径流减少 0.4%～6.4%；风速增加 20%，潜在蒸散发增加 1.1%～2.4%，径流减少 0.1%～1.0%。由此可见，潜在

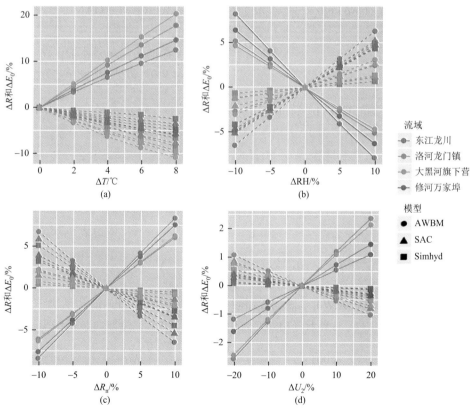

图 3-12　雨季径流和潜在蒸散发对气象要素的敏感性分析图

图中实线代表潜在蒸散发变化；虚线代表径流变化

蒸散发对气候变化的响应比径流更为敏感，这与年尺度下的结论相一致，且整体上雨季径流和潜在蒸散发的变化量与年均变化量较为接近。此外，同一气象要素对潜在蒸散发和径流的影响量在湿润区流域和半湿润半干旱区流域上有明显差异。径流和潜在蒸散发对气温的敏感性在半湿润半干旱区更强，气温增加8℃，湿润区流域变化为潜在蒸散发增加 12.5%～14.7%，径流减少 2.5%～5.8%；半湿润半干旱区流域变化为潜在蒸散发增加 18.0%～20.4%，径流减少 7.0%～10.7%。同样地，风速对径流和潜在蒸散发的影响也表现出在半湿润半干旱区更敏感。而相对湿度、净辐射的表现则相反，在湿润区流域比半湿润半干旱区流域更敏感。

2）旱季径流和潜在蒸散发对气象要素的敏感性分析

根据图 3-13，旱季下的径流和潜在蒸散发对各气象要素的敏感性顺序与雨季

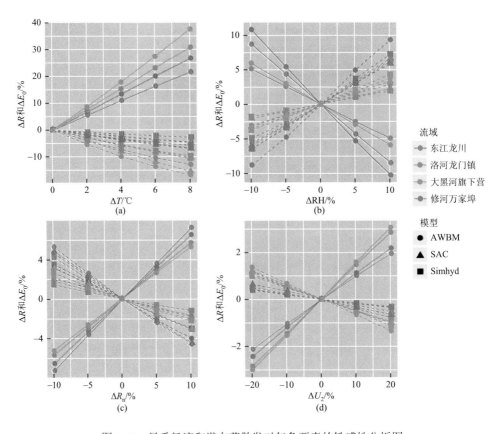

图 3-13　旱季径流和潜在蒸散发对气象要素的敏感性分析图

图中实线代表潜在蒸散发变化；虚线代表径流变化

的相一致：气温＞相对湿度＞净辐射＞风速。旱季下各气象要素变化引起的径流和潜在蒸散发的改变量：气温增加 8℃，潜在蒸散发增加 21.5%～37.3%，径流减少 2.7%～16.9%；相对湿度增加 10%，潜在蒸散发减少 4.9%～10.2%，径流增加 1.9%～9.3%；净辐射增加 10%，潜在蒸散发增加 5.3%～7.2%，径流减少 1.1%～4.5%；风速增加 20%，潜在蒸散发增加 1.9%～3.0%，径流减少 0.3%～1.4%。且同一气象要素对潜在蒸散发和径流的影响量在湿润区流域和半湿润半干旱区流域上有明显差异。

径流和潜在蒸散发对气温的敏感性在半湿润半干旱区更强，气温增加 8℃，湿润区流域变化为潜在蒸散发增加 21.5%～26.5%，径流减少 2.8%～6.8%；半湿润半干旱区流域变化为潜在蒸散发增加 30.7%～37.3%，径流减少 9.8%～16.9%。而径流和潜在蒸散发对相对湿度的响应在湿润区更敏感，相对湿度增加 10%，湿润区流域变化为潜在蒸散发减少 4.9%～8.4%，径流增加 6.2%～9.3%，半湿润半干旱区流域变化为潜在蒸散发减少 4.9%～5.9%，径流增加 2.0%～3.7%。净辐射则在湿润区流域比半湿润半干旱区流域更敏感，净辐射增加 10%，湿润区流域潜在蒸散发增加 6.5%～7.2%，径流减少 3.0%～4.6%，但在半湿润半干旱区潜在蒸散发增加 5.2%～5.6%，径流减少 1.2%～2.9%。而风速对径流和潜在蒸散发的表现与气温相类似，在半湿润半干旱区更为敏感，风速增加 20%，湿润区潜在蒸散发增加 1.9%～2.1%，径流减少 0.2%～0.6%，半湿润半干旱区流域潜在蒸散发增加 2.8%～3.1%，径流减少 0.8%～1.4%。

3）雨季与旱季对比分析

通过 3.7.2 节 1）和 2）分别对雨季和旱季径流和潜在蒸散发对气象要素的敏感性分析，发现在雨季和旱季径流和潜在蒸散发对各要素的敏感性顺序和在湿润区与半湿润半干旱区的敏感性强弱表现较为一致，但雨季和旱季之间的差异尚不清晰。由图 3-13 和图 3-14 可明显看出，当一个气象要素线性改变时，同一流域上对应的径流和潜在蒸散发也呈线性变化，因此可用单位变化量作为其敏感性系数[112]进而对比分析雨季和旱季的敏感性。

对比雨季和旱季各流域的敏感性系数，发现径流和潜在蒸散发对气温、相对湿度和风速这 3 个气象要素均是在旱季比雨季更敏感，而净辐射则相反，雨季下的径流和潜在蒸散发对净辐射更敏感。分析认为：本章所选的流域均位于季风气候区，雨季时间为 4～9 月，雨季期间高温多雨，此时气温、相对湿度都处于较高状态，其变化反而对径流和潜在蒸散发的影响不大，而净辐射作为能量输入项，能量的增加或减少将直接影响流域的蒸散发过程；而旱季（时间为 10 月至次年 3 月）低温少雨，流域相对干燥，这种状态下气温、相对湿度等的较小变化也能对流域的水文过程造成较大的影响。

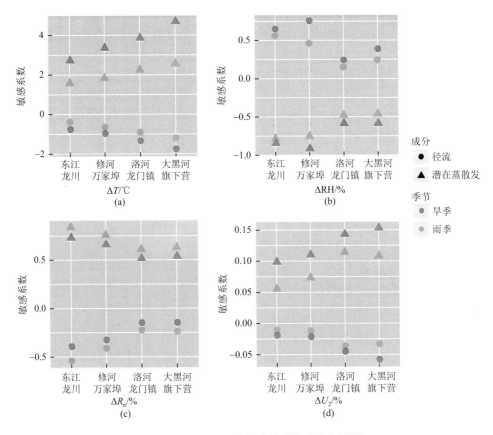

图 3-14　雨季和旱季敏感性系数对比分析图

3.8　讨　　论

本章通过对比分析不同气候区流域在年尺度与年内尺度（雨季和旱季）径流和潜在蒸散发对气候变化的敏感性，主要得出以下几点结论。

与径流相比较，潜在蒸散发对气候变化更敏感，因为气候条件的改变将直接作用于流域的蒸散发过程，对蒸散发过程的影响最为直接，而经过流域调节作用得到的径流过程对气候变化的响应程度则较小[112]。

径流和潜在蒸散发对 4 个气象要素的敏感性顺序有很高的一致性，因为径流和蒸散发是水文循环中两个密切相关的过程，蒸散发的增加（减少）将直接导致径流的减少（增加）。在本章所选的 4 个气象要素中，径流和潜在蒸散发对气温更为敏感，相对湿度次之，净辐射的敏感性比相对湿度稍弱，风速最不敏感，这与Yang H 和 Yang D[60]、刘昌明和张丹[62]的研究结论大体相一致。

空间尺度上，同一气象要素在不同气候区上其敏感性也存在很大差异。径流和潜在蒸散发对气温和风速均表现出在半湿润半干旱区的两个流域比湿润区流域更敏感，这与 Yang H 和 Yang D[60]、王国庆等[117]、孟德娟和莫兴国[118]的研究结论相一致，而径流和潜在蒸散发对相对湿度和净辐射的敏感性则在湿润区流域更强。主要是我国的北方流域下垫面条件较为单一，多为灌木丛、草地等，温度变化率大，且位于平原区，风速变化率也较大，而南方流域地形较为复杂，温度、风速的变化率均较小。

时间尺度上，雨季下的径流和潜在蒸散发对气候变化的敏感性与年尺度较为接近，尤其是径流，因为雨季径流对年径流贡献更大；而雨季与旱季之间的差别较大，径流和潜在蒸散发对气温、相对湿度和风速这 3 个气象要素均是在旱季比雨季更敏感，而净辐射则相反，雨季下的径流和潜在蒸散发对净辐射更敏感。

3.9　本 章 小 结

本章选取位于我国亚热带季风气候区上的两个湿润区流域（东江龙川流域、修河万家埠流域）和位于温带季风气候区上的两个半湿润半干旱区流域（洛河龙门镇流域、大黑河旗下营流域）作为研究对象，分析其降雨、气温、相对湿度、净辐射、风速、潜在蒸散发和径流等气象水文要素的变化趋势；并采用 AWBM、SAC 和 Simhyd 这 3 个概念性水文模型对研究区域进行水文模拟，分析水文模型在这 4 个流域的适用性；综合考虑我国未来的气候变化趋势，设置气候情景：气温变化为 +2℃、+4℃、+6℃、+8℃，净辐射变化为 –10%、–5%、+5%、+10%，相对湿度变化为 –10%、–5%、+5%、+10%，风速变化为 –20%、–10%、+10%、+20%，并输入潜在蒸散发模型和水文模型以分析水文循环中蒸散发、径流过程对气候变化的敏感性。本章的主要研究成果可以归纳为以下 6 点。

（1）4 个流域的气温、相对湿度呈增加趋势，风速呈下降趋势，净辐射在大黑河上游流域不显著增加，在其余流域减少；4 个流域的潜在蒸散发均呈现下降趋势，两个湿润区流域的降水和径流呈增加趋势，而两个半湿润半干旱区流域的降水和径流呈减少趋势。在气候变化和人类活动的影响下，各流域的水文状况均发生变异。东江上游径流序列在 1973 年发生突变，修河上游流域年径流序列在20 世纪 80 年代末发生变异，洛河上游流域水文状况变异年份为 1985 年，大黑河上游流域的径流序列于 1974 年发生突变。这为水文模拟时的径流序列选择提供科学依据。

（2）选取的 3 个水文模型对所选流域的月径流深模拟结果都较理想，NSE 均超过 0.8。整体而言，3 个水文模型对湿润区流域的月径流深模拟效果比半湿润半干旱区流域的径流模拟效果好。就不同模型而言，在湿润区流域，3 个模型均表现出较好的适用性，因为 3 个模型考虑了蓄满产流机制，与湿润区以蓄满产流为主这一实际情况相符合；半湿润半干旱区流域上考虑了超渗产流的 Simhyd 模型则比另外两个模型具有更高的适用性。

（3）所选的 3 个水文模型对月径流过程模拟效果呈明显差异。在湿润区流域，3 个概念性水文模型均表现出对径流峰值有更好的模拟效果，且 3 个模型中 AWBM 模型对月径流过程模拟效果最佳，SAC 模型和 Simhyd 模型的模拟效果较差，但差距不大；在半湿润半干旱区流域，3 个模型对流域月径流过程的模拟效果较湿润区差，而考虑了超渗产流机理的 Simhyd 模型的模拟结果比其他两个模型更优，这与半湿润半干旱区流域上以超渗产流为主这一实际情况相符合。

（4）分析径流和潜在蒸散发对气候变化的敏感性，发现相比于径流，潜在蒸散发对气候变化更敏感，因为气候条件的改变将直接作用于流域的蒸散发过程，对蒸散发过程的影响最为直接，而经过流域调节作用得到的径流过程对气候变化的响应程度则较小。径流和潜在蒸散发对气温、相对湿度、净辐射和风速的敏感性顺序有很高的一致性，因为径流和蒸散发是水文循环中两个密切相关的过程，蒸散发的增加（减少）将直接导致径流的减少（增加）。在本章所选的 4 个气象要素中，径流和潜在蒸散发对气温更为敏感，相对湿度次之，净辐射的敏感性比相对湿度稍弱，风速最不敏感。

（5）空间尺度上，同一气象要素在不同气候区上其敏感性也存在很大差异。径流和潜在蒸散发对气温和风速均表现出在半湿润半干旱区的两个流域比湿润区流域更敏感，而径流和潜在蒸散发对相对湿度和净辐射的敏感性则在湿润区流域更强。主要是我国的北方流域下垫面条件较为单一，多为灌木丛、草地等，温度变化率大，且位于平原区，风速变化率也较大，而南方流域地形较为复杂，温度、风速的变化率均较小。这对不同气候区内制定水资源应对气候变化的适应对策具有重要的参考意义。

（6）分析不同时间尺度的敏感性，雨季下的径流和潜在蒸散发对气候变化的敏感性与年尺度较为接近，尤其是径流，因为雨季径流对年径流贡献更大；而雨季与旱季之间的差别较大，径流和潜在蒸散发对气温、相对湿度和风速这 3 个气象要素均是在旱季比雨季更敏感，而净辐射则相反，雨季下的径流和潜在蒸散发对净辐射更敏感。本书分析认为这与季风气候区特点有关，雨季期间高温多雨，此时气温、相对湿度都处于较高状态，其变化反而对径流和潜在蒸散发的影响不大，而净辐射作为能量输入项，能量的增加或减少将直接影响流域的蒸散发过程；而旱季低温少雨，流域相对干燥，这种状态下气温、相对湿度等的较小变化也能对流域的水文过程造成较大的影响。这可为区域年内水资源分配，特别是在旱季的水资源优化配置和管理提供重要的科学依据和参考意义。

第4章 气候变化对我国未来径流变化影响评估

4.1 概　　述

气候变暖显著加剧了全球与区域水循环[29]，引发了全球与区域水安全问题，进而对社会经济与生态环境产生很大的影响[6, 14, 30, 149-151]。已有针对气候变化对区域与全球水文影响的研究表明[152-154]，径流变化机制在不同区域存在很大差异，有必要开展精细尺度（如流域尺度）的气候变化影响评估[155]。

我国是全球人口最多的国家，我国的农业生产受气候和径流变化影响明显[1, 149, 151, 156]。因此，已有大量针对不同流域展开未来径流变化对气候变化响应的研究[157-160]。例如，在黄河流域，Li 等[161]预测黄河流域上游年径流量在 2020 年前将减少 5%；Li 等[162]采用一种区域气候模式研究了未来气候情景下黄河源区径流变化；Zuo 等[163]基于 3 种气候模式和两种气候情景，采用 SWAT 模型分析了渭河 2046～2065 年和 2081～2100 年径流变化，发现两个时期渭河径流将分别增加 12.4%和 45.0%。在其他流域，Li 等[158]发现雅鲁藏布江多年平均径流量将增加约 11%～13%；Zhang 等[159]研究指出我国西北地区河西走廊多年平均径流量在 2021～2050 年将增加 10.5%～22.0%；Zhang 等[160]研究表明黑河流域多年平均年径流量在 2021～2050 年将增加 12.8%。此外，相关研究在长江流域、淮河流域、海河流域、东南诸河流域等流域也有较多开展[40, 164-168]。

已有径流变化对气候变化响应研究主要针对特定区域或者个别流域展开，然而，评估气候变化对全国径流变化影响的研究尚少[169-171]。且以往研究只考虑 1～2 个气候模式输出结果来模拟未来径流，模拟结果存在较大的不确定性[169, 170]；或者通过降水量减去蒸发得到栅格尺度的径流变化[171]，缺少流域尺度径流变化模拟预测。我国复杂的地形地貌特征使气候水文变化存在较大的区域差异，不同流域的产汇流过程及径流变化特征存在明显差别，因此有必要基于多种气候模式输出结果综合评估流域尺度我国未来径流变化及其空间差异。

气候弹性法已被广泛应用于历史径流变化归因和未来径流变化评估[14, 17, 19, 37, 50, 56, 59, 60, 72, 79, 154, 172-178]。已有研究表明，气候弹性法在对长时间尺度径流变化模拟方面可与复杂的水文模型模拟方法媲美[177]。Koster[179]研究表明，基于 Budyko 假设的气候弹性法在评估蒸发与径流关系中的表现优于多个陆面过程模式。

过去三十年里，气候弹性法经历了数次扩展。Waggoner[180]首先定义降水变化对径流变化的弹性系数。Fu 等[173]综合了降水和气温对降水变化的弹性，进一步评估两者对径流变化的影响。然而，Chen 等[181]研究指出，在 Fu 等[173]改进的方法中降水和气温弹性系数是通过径流-降水-气温的曲面插值实现的，当输入的未来降水和气温超出了历史数据的变化范围时，该方法将缺乏稳健性。

Sankarasubramanian 等[182]总结了气候弹性系数的 5 种不同计算方式，研究指出，通过全微分推导所得的气候弹性法误差较小，且具有明显的数理基础。基于 Budyko 水热耦合平衡方程的全微分分解，Yang H 和 Yang D[60]推导了综合考虑降水、气温、风速、净辐射和相对湿度的多元气候弹性法。

在气候弹性法的发展和应用中，应该考虑以下两个问题：①全微分方程中考虑的变量越多，可能导致计算误差越大[172]；②气候模式输出的各气象要素存在不同程度的不确定性，未来径流模拟中更多的气象要素的输入可能会导致模拟结果产生更大的不确定性。因此，有必要对已有气候弹性法进行改进，以采用更少且更为关键的气象要素来模拟评估气候变化对未来径流变化的影响。

一般认为，气温是气候模式输出的诸多气象要素中不确定性最小的要素之一。同时，气温是气候变化的关键性指标，特别是在气候变暖的背景下。Wang 等[172]研究发现极端气温，尤其是最低气温，对气候变化更为敏感。因此，气候弹性法中有必要考虑气温这一关键因素，同时有必要以极端气温（最高气温和最低气温）替代平均气温考虑。综上，本章拟采用更少的变量，同时充分考虑最高气温和最低气温的影响来改进现有的气候弹性法。

本章研究重点是基于两种排放情景（RCP2.6 和 RCP8.5）下的 12 种气候模式输出结果，采用改进的气候弹性法评估气候变化对我国未来径流变化的影响。本章主要有以下 3 个研究目标。

（1）改进已有的气候弹性法，并通过与已有的气候弹性法进行对比，分析改进方法存在的误差与不确定性；

（2）采用改进的气候弹性法评估全国 372 个子流域未来径流变化对气候变化的响应；

（3）讨论基于不同气候模式输出结果预测的未来径流变化存在的一致性与不确定性。

4.2　数据和方法

4.2.1　研究数据

本章基于国际耦合模式比较计划第五阶段（Coupled Model Intercomparison

Project Phase 5，CMIP5）RCP2.6 与 RCP8.5 情景下的 12 种全球气候模式数值模拟结果来评估未来径流变化。各模式的详细信息如表 4-1 所示。RCP2.6 为低排放情景，该情景下的全球气温到 2035 年将升高 2℃，同时太阳辐射强度将达到 3W/m²；到 2100 年太阳辐射强度将减少到 2.6W/m²。RCP8.5 为高排放情景，在该情景下太阳辐射强度在 2100 年将达到 8.5W/m²[183, 184]。利用历史时期不同气候模式输出的网格数据与实测的站点数据建立分位数相关关系，再基于建立的统计关系，将未来 2070～2099 年 CCMs 输出数据降到站点尺度。分位数降尺度方法的详细介绍可参考 Li 等[171]的研究。

表 4-1　本章所采用的 12 种气候模式

序号	气候模式	缩写	模拟机构	空间精度（经度×纬度）	时间范围	
					RCP2.6	RCP8.5
1	BCC-CSM1.1（m）	BCC	BCC	320×160	2006～2100 年	2006～2100 年
2	BNU-ESM	BNU	GCESS	128×64	2006～2100 年	2006～2100 年
3	CanESM2	Can	CCCma	128×64	2006～2300 年	2006～2100 年
4	CCSM4	CCS	NCAR	288×192	2006～2300 年	2006～2300 年
5	CESM1（CAM5）	CES	NSF-DOE-NCAR（1）	288×128	2006～2100 年	2006～2100 年
6	CNRM-CM5	CNR	CNRM-CERFACS	256×96	2006～2100 年	2006～2100 年
7	CSIRO-Mk3.6.0	CSI	CSIRO-QCCCE	192×90	2006～2100 年	2006～2300 年
8	GFDL-CM3	GFD	NOAA GFDL	144×143	2006～2100 年	2006～2100 年
9	IPSL-CM5A-MR	IPS	IPSL	144×128	2006～2100 年	2006～2100 年
10	MIROC5	MIR	TUT NIES	256×128	2006～2100 年	2006～2100 年
11	MPI-ESM-MR	MPI	MPI-M	192×96	2006～2100 年	2006～2100 年
12	MRI-CGCM3	MRI	MRI	320×160	2006～2100 年	2006～2100 年

　　历史阶段水文数据为全国 372 个水文站点 1960～2000 年月径流数据，气象数据为 1960～2014 年的 815 个气象站的常规观测数据。历史阶段气象水文数据已在 2.2 节有详细介绍，这里不再赘述。流域信息详见表 2-1。

　　本章分别采用 1960～1979 年、1980～2000 年和 2070～2099 年作为基准期、验证期和未来期。2.3.1 节已详细说明将 1980 年作为基准期与验证期的分割点的原因，这里不再分析。验证期和未来期气象水文要素变化均为相对基准期的变化。

4.2.2　气候弹性法

根据 Budyko 假设，长时间尺度水量平衡可以表示为可利用能量和水量的函数。基于 Budyko 假设，Yang 等[64]推导了以下水热耦合平衡方程：

$$E = \frac{PE_0}{(P^n + E_0^n)^{1/n}}　　　　　　　　(4\text{-}1)$$

式中，P、E 和 E_0 分别表示降水（mm）、实际蒸发（mm）和潜在蒸发（mm）。控制参数 n 可利用最小均方根误差求算。根据流域多年平均水量平衡方程，$R = P-E$，可得 $R = f(P, E_0, n)$。进而，径流变化可以表示为以下全微分方程：

$$\mathrm{d}R = \frac{\partial f}{\partial P}\mathrm{d}P + \frac{\partial f}{\partial E_0}\mathrm{d}E_0 + \frac{\partial f}{\partial n}\mathrm{d}n　　　　(4\text{-}2)$$

$$\frac{\mathrm{d}R}{R} = \varepsilon_P \frac{\mathrm{d}P}{P} + \varepsilon_{E_0} \frac{\mathrm{d}E_0}{E_0} + \varepsilon_n \frac{\mathrm{d}n}{n}　　　(4\text{-}3)$$

式中，$\varepsilon_P = \dfrac{\partial f}{\partial P}\dfrac{P}{R}$，$\varepsilon_{E_0} = \dfrac{\partial f}{\partial E_0}\dfrac{E_0}{R}$，$\varepsilon_n = \dfrac{\partial f}{\partial n}\dfrac{n}{R}$，$\varepsilon_P$、$\varepsilon_{E_0}$、$\varepsilon_n$ 分别为降水、潜在蒸发及控制参数 n 变化对径流变化的弹性系数。

4.2.3　气温弹性推导

Makkink 公式源自 Penman 方程，是计算潜在蒸发的常用公式之一[127]。该公式如下：

$$E_0 = 0.61 \frac{\Delta}{\Delta + \gamma} \frac{R_s}{\lambda} - 0.12　　　　　(4\text{-}4)$$

式中，λ 为蒸发潜热（kJ/kg）；Δ 为饱和水汽压曲线斜率（kPa/℃）；γ 为干湿常数；R_s 为太阳辐射［MJ/(m²·d)］。Δ、λ 和 γ 的详细计算公式如下

$$\Delta = \frac{4098 \times [0.6108 \times \mathrm{e}^{17.27T/(T+237.3)}]}{(T + 237.3)^2}　　　(4\text{-}5)$$

$$\gamma = \frac{C_p B}{0.622\lambda}　　　　　　　　(4\text{-}6)$$

$$\lambda = 2.501 - 2.361 \times 10^{-3} T　　　　　(4\text{-}7)$$

式中，T 为平均气温（℃）；C_p 为比热［1.013×10^{-3}MJ/(kg·℃)］；B 为大气压（kPa），可通过下式计算：

$$P = 101.3 - 0.01152 \times h + 0.544 \times 10^{-6} \times h^2　　(4\text{-}8)$$

式中，h 为海拔。

如式（4-4）～式（4-7）所示，Makkink 公式计算潜在蒸发仅需要输入太阳辐

射数据。已有研究表明，Makkink 公式适用于不同气候环境与下垫面覆盖地区潜在蒸发计算[78, 185-189]，且计算结果优于其他常见的潜在蒸发公式，如 Hargreaves、Thornthwaite、Priestley-Taylor 和 Turc 等潜在蒸发计算公式[78, 185, 189]。

Allen 等[66]指出，最高气温与最低气温的差值与云层覆盖度有关，因此两者的差值可以作为外太空抵达地表的净辐射的重要指标。即，净辐射可以利用最高气温与最低气温来计算：

$$R_n = K_t R_a \sqrt{T_{max} - T_{min}} \qquad (4-9)$$

式中，T_{max} 和 T_{min} 分别为最高与最低气温（℃）；K_t 是调整系数，取值 0.16；R_a 为地球外辐射［MJ/(m²·d)］，可利用式（4-10）计算[66]：

$$R_a = \frac{24 \times 60}{\pi} G_{sc} d_r [w_s \sin(\varphi)\sin(\delta) + \cos(\varphi)\cos(\delta)\sin(w_s)] \qquad (4-10)$$

式中，G_{sc} 为辐射常数，为 0.082MJ/(m²·min)；d_r 为相对日地距离；w_s 为日落时角；φ 为纬度；δ 为太阳偏转角度（rad）。这些变量的计算公式可在 FAO 潜在蒸发计算手册第 3 章中查询[66]。

将式（4-9）代入式（4-4），即可得到仅包含有最高气温和最低气温两要素的简化的 Makkink 潜在蒸发计算公式：

$$E_0 = 0.61 K_t R_a \frac{\Delta}{\Delta + \gamma} \frac{\sqrt{T_{max} - T_{min}}}{\lambda} - 0.12 \qquad (4-11)$$

式中，R_a、Δ、γ、λ 均可利用最高气温和最低气温来计算[66]。

为验证简化的 Makkink 公式的可靠性，图 4-1 将简化的 Makkink 公式计算的月平均潜在蒸发与 FAO 修正的 Penman-Monteith 公式的计算结果进行对比。从图 4-1 可以看出，两公式计算结果在全国大部分地区的相关系数均大于 0.95，且平均差距在绝大部分地区小于 0.5mm。因此，可以认为，简化的 Makkink 公式计算结果稳健，能够用于全国潜在蒸发的计算。

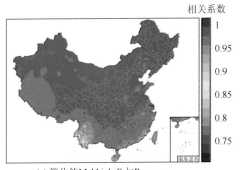

(a) 简化的Makkink E_0 与Penman-Monteith计算的E_0相关系数r

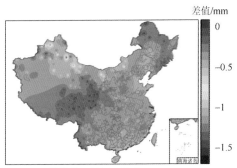

(b) 简化的Makkink E_0 与Penman-Monteith计算的E_0的差值

图 4-1　简化的 Makkink 公式与 FAO 修正的 Penman-Monteith 公式计算的
潜在蒸发相关系数与差值

　　将式（4-11）进行全微分分解，可以得到潜在蒸发变化对最高和最低气温变化的全微分方程：

$$\mathrm{d}E_0 \approx \frac{\partial g}{\partial T_{\max}}\mathrm{d}T_{\max} + \frac{\partial g}{\partial T_{\min}}\mathrm{d}T_{\min} \qquad (4\text{-}12)$$

　　再将式（4-12）代入式（4-3），从而导出以最高气温、最低气温作为关键变化的径流变化全微分方程：

$$\mathrm{d}R = \frac{\partial f}{\partial P}\mathrm{d}P + \frac{\partial f}{\partial E_0}\frac{\partial g}{\partial T_{\max}}\mathrm{d}T_{\max} + \frac{\partial f}{\partial E_0}\frac{\partial g}{\partial T_{\min}}\mathrm{d}T_{\min} + \frac{\partial f}{\partial n}\mathrm{d}n \qquad (4\text{-}13)$$

　　将式（4-13）转换成径流变化率对各因子的全微分方程，得到：

$$\frac{\mathrm{d}R}{R} = \varepsilon_P \frac{\mathrm{d}P}{P} + \varepsilon_{T_{\max}}\mathrm{d}T_{\max} + \varepsilon_{T_{\min}}\mathrm{d}T_{\min} + \varepsilon_n \frac{\mathrm{d}n}{n} \qquad (4\text{-}14)$$

式中，ε_P、$\varepsilon_{T_{\max}}$、$\varepsilon_{T_{\min}}$ 和 ε_n 分别为降水、最高气温、最低气温和控制参数 n 对径流变化的弹性系数：

$$\varepsilon_P = \frac{P}{R}\frac{\partial f}{\partial P} \qquad (4\text{-}15a)$$

$$\varepsilon_{T_{\max}} = \frac{1}{R}\frac{\partial f}{\partial E_0}\frac{\partial g}{\partial T_{\max}} \qquad (4\text{-}15b)$$

$$\varepsilon_{T_{\min}} = \frac{1}{R}\frac{\partial f}{\partial E_0}\frac{\partial g}{\partial T_{\min}} \qquad (4\text{-}15c)$$

$$\varepsilon_n = \frac{n}{R}\frac{\partial f}{\partial n} \qquad (4\text{-}15d)$$

　　气候弹性系数通常基于长时间尺度数据计算。因此，式（4-14）可以进一步转换为

$$\frac{\mathrm{d}\bar{R}}{\bar{R}} = \varepsilon_P \frac{\mathrm{d}\bar{P}}{\bar{P}} + \varepsilon_{T_{\max}}\mathrm{d}\bar{T}_{\max} + \varepsilon_{T_{\min}}\mathrm{d}\bar{T}_{\min} + \varepsilon_n \frac{\mathrm{d}\bar{n}}{\bar{n}} \qquad (4\text{-}16)$$

式中，$\bar{R}$、$\bar{P}$、$\bar{T}_{\max}$、$\bar{T}_{\min}$ 与 $\bar{n}$ 分别为多年平均径流深、降水、最高气温、最低气温和控制参数 n。各因子对径流变化的弹性系数可以用以下公式计算：

$$\varepsilon_P = \frac{\bar{P}}{\bar{R}}\frac{\partial f}{\partial P}\bigg|_{R=\bar{R}, P=\bar{P},} \qquad (4\text{-}17a)$$

$$\varepsilon_{T_{\max}} = \frac{1}{\bar{R}}\frac{\partial f}{\partial E_0}\frac{\partial g}{\partial T_{\max}}\big|_{R=\bar{R},\ T_{\max}=\bar{T}_{\max}} \qquad (4\text{-}17b)$$

$$\varepsilon_{T_{\min}} = \frac{1}{\bar{R}}\frac{\partial f}{\partial E_0}\frac{\partial g}{\partial T_{\min}}\bigg|_{R=\bar{R}, T_{\min}=\bar{T}_{\min}} \qquad (4\text{-}17c)$$

$$\varepsilon_n = \frac{\bar{n}}{\bar{R}}\frac{\partial f}{\partial n}\bigg|_{R=\bar{R}, n=\bar{n}} \qquad (4\text{-}17d)$$

本章将式（4-16）称为 4 变量（即降水、最高气温、最低气温和控制参数 n）气候弹性法，简称 PnT 气候弹性法。

本章采用 3 种拟合优度指数来评估 PnT 气候弹性法对径流变化的模拟效果，3 种指数为：纳什系数（NSE），平均绝对误差（mean absolute error，MAE）和偏差（bias）[153]。3 种指数可以采用以下公式计算：

$$NSE = 1 - \frac{\sum_{i=1}^{N}(Q_{obs,i} - Q_{sim,i})^2}{\sum_{i=1}^{N}(Q_{obs,i} - \bar{Q}_{obs})^2} \tag{4-18a}$$

$$MAE = \frac{\sum_{i=1}^{N}|Q_{sim,i} - Q_{obs,i}|}{m} \tag{4-18b}$$

$$bias = \frac{\sum_{i=1}^{N}(Q_{sim,i} - Q_{obs,i})}{\sum_{i=1}^{N}Q_{obs,i}} \times 100\% \tag{4-18c}$$

式中，$Q_{obs,i}$ 为第 i 个子流域实测多年平均径流变化量；$Q_{sim,i}$ 为第 i 个子流域模拟的多年平均径流变化量；N 为所考虑的流域数量；m 为序列的年数；$\bar{Q}_{obs}$ 为 N 个子流域实测多年平均径流量的平均值。

4.2.4　径流变化对未来气候变化响应方程

考虑到未来流域下垫面变化存在很大的不确定性[154, 190]，且目前暂无通用的控制参数 n 参数化方程，本书仅评估未来径流变化对气候变化的响应，而不考虑代表人类活动和下垫面变化的控制参数 n 变化的影响。因此，气候变化对径流变化影响量可以用下式表示：

$$\frac{d\bar{R}}{\bar{R}} = \varepsilon_P \frac{d\bar{P}}{\bar{P}} + \varepsilon_{T_{max}} d\bar{T}_{max} + \varepsilon_{T_{min}} d\bar{T}_{min} \tag{4-19}$$

式中，$d\bar{R}$ 为未来径流变化量（mm）；$d\bar{P}$、$d\bar{T}_{max}$ 和 $d\bar{T}_{min}$ 分别为未来（2070～2099 年）多年平均降水（mm）、最高气温（℃）和最低气温（℃）相对历史（1960～1979 年）相应要素多年平均值的变化量。降水、最高气温与最低气温对未来径流变化的影响量可以用式（4-20a）和式（4-20b）计算：

$$\Delta R_P = \varepsilon_P \bar{R} \frac{d\bar{P}}{\bar{P}} \tag{4-20a}$$

$$\Delta R_T = \varepsilon_{T_{\max}} \bar{R} \mathrm{d}\bar{T}_{\max} + \varepsilon_{T_{\min}} \bar{R} \mathrm{d}\bar{T}_{\min} \qquad (4\text{-}20\mathrm{b})$$

各因子对未来径流变化的相对贡献率可以采用下式计算：

$$\delta R_P = \frac{|\Delta R_P|}{|\Delta R_P| + |\Delta R_T|} \times 100\%, \quad \delta R_T = \frac{|\Delta R_T|}{|\Delta R_P| + |\Delta R_T|} \times 100\% \qquad (4\text{-}21)$$

4.3 PnT 气候弹性法模拟效果分析

为验证本章推导的 PnT 气候弹性法的可靠性，分别采用 1960～1979 年和 1980～2000 年的数据率定和验证该方法。图 4-2 将 PnT 模拟的全国 372 个子流域 1980～2000 年多年平均径流变化与相应实测的 1960～1979 年多年平均径流变化对比。从图 4-2 可以看出，模拟径流变化与观测的径流变化匹配良好，决定系数达 0.997，平均绝对误差为 2.17mm，偏差为 0.33%。结果表明，PnT 气候弹性法能够模拟全国多年尺度的径流变化。

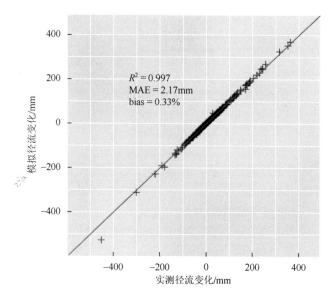

图 4-2 模拟径流变化（$\Delta R_P + \Delta R_n + \Delta R_{T_{\max}} + \Delta R_{T_{\min}}$）与实测径流变化的关系

为探讨 PnT 气候弹性法与其他气候弹性法模拟结果的异同，这里将 PnT 模拟效果分别与更多变量和更少变量的气候弹性法进行对比。其中多变量气候弹性法以七变量（包括降水、控制参数 n 和其他 5 个气象因子，简称 Pn5）气候弹性法为代表[14, 172]；少变量气候弹性法以三变量（包括降水、控制参数 n 和潜在蒸发，简称 PnE）气候弹性法为代表[37, 64]。

图 4-3 为 PnT 气候弹性法模拟的多年平均径流变化的绝对误差与其他两种方法模拟的绝对误差对比图。从图 4-3 可以看出，Pn5 与 PnT 气候弹性法在大多数子流域径流变化模拟上表现相近，两种方法模拟的绝对误差值在 372 个子流域中有 277 个子流域小于 10%。然而，在其余 95 个子流域中，有 60 个子流域的 PnT 模拟效果优于 Pn5。

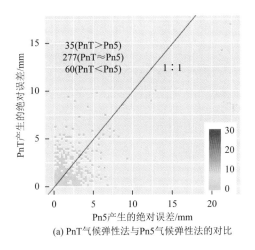
(a) PnT气候弹性法与Pn5气候弹性法的对比

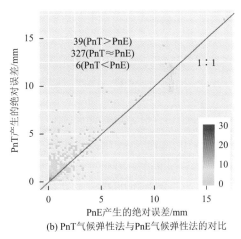
(b) PnT气候弹性法与PnE气候弹性法的对比

图 4-3　PnT 气候弹性法与 Pn5 气候弹性法和 PnE 气候弹性法的对比

Pn5 与 PnT 在 10 大流域片区的平均模拟效果如表 4-2 所示，与 Pn5 模拟效果对比，PnT 模拟效果在我国北方地区表现相对更好。例如，在西北诸河、松花江流域、辽河流域、黄河流域、淮河流域和海河流域，PnT 模拟结果具有更小的均方根误差及偏差。这表明，PnT 在相对干燥地区对径流变化的模拟效果更佳。而在我国南方地区，PnT 模拟效果与 Pn5 较为相似。与 Pn5 模拟效果对比，PnT 模拟的纳什系数在东南诸河更低、在长江流域更高，而在珠江流域相似。因此，本章 PnT 弹性系数法的模拟效果优于 Pn5 弹性系数法。

对比 PnE 与 PnT 的模拟效果图 4-3（b），发现 PnT 与 PnE 模拟效果相近，两者的模拟效果在 372 个子流域中有 327 个子流域的绝对误差值小于 10%。从对各大流域平均模拟效果来看（表 4-2），PnE 在大多数大流域的模拟效果优于 PnT 气候弹性法。

表4-2 不同气候弹性法在我国10大流域片区的模拟效果对比

序号	流域	NSE			MAE/mm			bias/%		
		PnT	Pn5	PnE	PnT	Pn5	PnE	PnT	Pn5	PnE
1	NWR	0.983	0.954	0.984	0.540	0.908	0.544	−1.23	−12.23	−1.36
2	SHR	0.998	0.987	0.998	0.936	2.969	0.779	0.11	−12.29	−0.05
3	LR	0.997	0.993	0.997	1.177	2.051	0.821	2.45	−6.44	−0.66
4	YR	0.997	0.997	0.998	1.162	1.401	0.703	−1.53	−4.60	−1.40
5	HuR	0.978	0.978	0.977	7.284	7.609	7.131	−8.00	−8.23	−7.94
6	HR	0.995	0.991	0.996	2.803	3.600	2.319	−1.84	−4.85	−2.92
7	SWR	0.993	0.998	0.996	2.537	1.306	1.534	4.59	−3.46	1.14
8	SER	0.997	0.999	0.999	3.766	1.451	1.985	2.37	−1.00	0.78
9	YZR	0.998	0.996	0.999	2.462	2.448	1.772	1.04	−0.04	0.52
10	PR	0.998	0.999	0.999	2.262	1.960	1.644	1.70	−0.20	−0.42
全国平均		0.996	0.995	0.997	2.168	2.405	1.62	−0.33	2.58	0.66

总体而言，PnT 模拟效果略优于 Pn5 气候弹性法，但略逊色于 PnE 气候弹性法。基于 Budyko 框架分解的 3 种包含不同变量的气候弹性法模拟的纳什系数均大于 0.95，模拟效果均较好。因此，3 种方法均可用于径流变化模拟评估。

本书最终采用的是本章推导的 PnT 气候弹性法模拟未来径流变化。PnE 气候弹性法以潜在蒸发为主要输入变量之一。Liu 和 Sun[191]研究表明，受气候模式输出的净辐射低估、风速高估，以及水汽压差和气温误差的影响，利用气候模式输出结果计算的潜在蒸发存在很大的不确定性。对于 Pn5 气候弹性法，在不考虑控制参数 n 的情况下，依然需要输入降水、风速、最高气温、最低气温、相对湿度和净辐射等 6 个气象因子。Liu 和 Sun[191]研究指出，在未来气候水文变化预测中，不确定性通常伴随着更多气候模式输出要素的输入而增大。相比之下，在不考虑控制参数 n 的情况下，PnT 气候弹性法仅需要输入降水、最高气温和最低气温 3 个气象因子。此外，气温是全球变化背景下的气候变化关键性指标[172]，同时气温要素是气候模式输出众多气象要素中不确定性较小的要素之一[192]。因此，尽管 PnT 与 Pn5 和 PnE 气候弹性方法在历史径流变化评估方面模拟效果相近，但在未来径流模拟评估中，PnT 气候弹性法避免了潜在蒸散发或者与潜在蒸散发相关的多要素输入带来的不确定性。所以，本章推导的 PnT 气候弹性法，是未来径流变化模拟评估更好的选择。

4.4 气候模式下未来降水气温变化分析

采用基准期 1960～1979 年的数据，建立 RCP2.6 与 RCP8.5 两种情景下 12 种气候模式输出结果与实测数据的降尺度统计关系。将未来期 2070～2099 年气候模式输出的降水与气温数据降到站点尺度，再将降尺度数据减去历史实测数据，经空间插值后得到未来降水和气温空间变化图。

4.4.1　2070～2099 年降水变化分析

将不同排放情景下的 12 种气候模式输出的多年平均降水量的中位数减去基准期多年平均降水，得到多模式综合下未来多年平均降水较基准期的变化。图 4-4 给出了 RCP2.6 和 RCP8.5 两种情景下不同气候模式输出的 2070～2099 年多年平均降水较基准期变化幅度（变化量/基准期多年平均值×100%）空间分布。

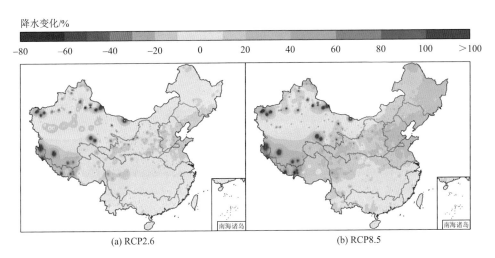

图 4-4　RCP2.6 和 RCP8.5 两种情景下不同气候模式输出的 2070～2099 年多年平均降水较基准期变化幅度空间分布

在 RCP2.6 情景下，2070～2099 年多年平均降水变化在全国大部分地区表现为增加，其中在松花江流域东部、辽河流域、黄河流域、淮河流域和海河流域的部分区域降水增加量大于 10%。最大降水增加率出现在青藏高原西北部及西北诸河北部地区，降水增加幅度超过 40%。降水减少地区主要分布在西北诸河的中东部及东南诸河的东部，减少率在 0%～20%。RCP8.5 情景下降水变化空间分布与 RCP2.6 情景下的空间分布规律较为相似，降水变化以增加为主。不同的是，RCP8.5 情景下降水量增加的区域范围更广，且增加幅度明显更大。另外，值得指出的是，RCP8.5 情景下降水量增加率大于 10% 的区域与我国半湿润半干旱区域范围几乎重合，说明气候情景下我国半湿润半干旱区未来降水变化更为突出。

为展示不同气候模式下未来降水变化空间差异,图4-5给出了RCP2.6和RCP8.5情景下基于12种气候模式输出结果提取的各子流域多年平均面降水变化空间分布。

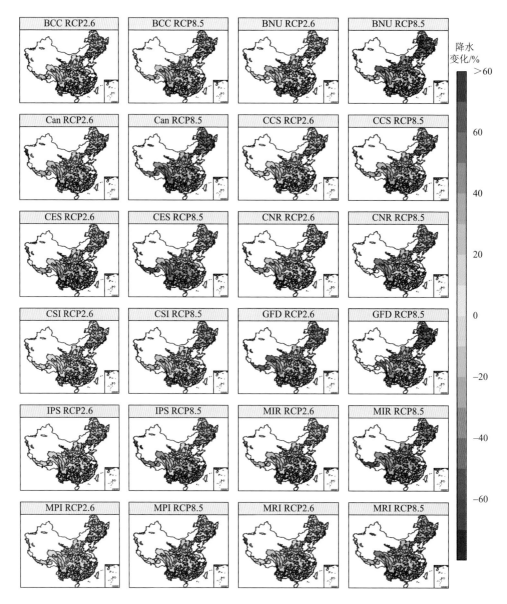

图4-5　基于不同气候情景和气候模式下的各子流域多年平均面降水变化空间分布

从图4-5可以看出,不同气候模式下降水变化空间特征存在较大差异。总体而言,两种排放情景下不同气候模式输出的多年平均面降水量以增加作用为主。在

RCP2.6 情景下，BCC-CSM1.1（m）、CanESM2、CESM1（CAM5）和 GFDL-CM3 模式下全国各子流域多年平均面降水变化以增加为主导。CCSM4 和 MPI-ESM-MR 模式下多年平均面降水量减少的子流域主要分布在黄河流域。BNU-ESM、CNRM-CM5、CSIRO-Mk3.6.0、IPSL-CM5A-MR 和 MIROC5 模式下多年平均面降水量表现为减少的子流域主要分布在珠江流域西部及东南诸河。

在 RCP8.5 情景下，各模式下多年平均面降水变化空间分布特征与 RCP2.6 情景下的情况大致相同。然而，RCP8.5 情景下降水变化幅度明显增大。例如，在 BNU-ESM 和 CanESM2 模式下，东北地区多年平均面降水量在 RCP8.5 情景下增加幅度超过 60%，增幅明显大于 RCP2.6 情景下的 20%~30%。再如，在 IPSL-CM5A-MR 模式下，RCP8.5 情景下长江中下游、珠江流域和东南诸河的大部分子流域多年平均面降水量减少幅度在 10%~40%，而在 RCP2.6 情景下该区域大部分子流域多年平均面降水量出现轻微减少或者少量增加，变化幅度在 –10%~10%。

表 4-3 统计了 RCP2.6 情景的不同气候模式下我国 10 大流域片区 2070~2099 年多年平均面降水量相对于基准期（1960~1979 年）变化。从流域角度来看，珠江流域多年平均面降水在大部分气候模式下表现为增加，不同气候情景下平均面降水变化幅度在 –3.5%~20.2%，平均增加 5.1%。长江流域不同模式下降水平均增加 11.2%，除了 IPSL-CM5A-MR 模式输出的降水较基准期减少外，其余模式输出结果均表现为增加，尤其在 CESM1（CAM5）模式下，输出的降水比基准期增加 25.7%。西南诸河、辽河流域、松花江流域和西北诸河在 12 种气候模式下平均面降水均表现为增加，4 个流域平均面降水分别增加 12.5%、17.0%、19.1% 和 30.4%。绝大多数气候模式输出的淮河流域、海河流域、黄河流域面平均降水较基准期增加，然而淮河流域和海河流域面平均降水分别在 IPSL-CM5A-MR 和 MPI-ESM-MR 模式较基准期减少，黄河流域面平均降水在 CCSM4 和 MPI-ESM-MR 模式下减少；平均不同气候模式输出结果，淮河流域、海河流域、黄河流域面平均降水分别增加 11.0%、11.7%、9.9%。总地来说，不同气候模式输出结果的平均值在 10 大流域片区均为正，其中珠江流域增幅最少，西北诸河增幅最多，分别为 5.1%、30.4%。

表 4-3　基于 RCP2.6 情景的不同气候模式下我国 10 大流域片区 2070~2099 年多年平均面降水量相对于基准期变化　　（单位：%）

气候模式	PR	YZR	SER	SWR	HuR	HR	YR	LR	SHR	NWR	均值
BCC2.6	5.3	15.2	19.6	9.5	11.7	10.0	3.9	24.5	22.1	20.8	14.3
BNU2.6	–0.9	6.5	1.6	9.8	7.2	15.1	17.4	15.1	14.8	38.4	12.5
Can2.6	9.4	12.9	9.3	20.8	18.6	18.1	13.5	22.5	23.2	49.6	19.8
CCS2.6	10.1	11.9	12.5	12.2	5.7	9.1	–1.6	13.3	14.9	22.0	11.0
CES2.6	20.2	25.7	16.1	19.4	14.7	7.5	13.5	15.7	21.1	37.0	19.1

续表

气候模式	PR	YZR	SER	SWR	HuR	HR	YR	LR	SHR	NWR	均值
CNR2.6	1.6	4.5	−1.2	16.9	0.0	9.7	10.5	10.8	18.2	38.6	11.0
CSI2.6	2.5	9.5	9.8	3.8	11.9	8.0	5.3	15.7	12.4	26.5	10.5
GFD2.6	15.4	17.8	18.6	27.5	28.1	33.9	23.7	40.0	42.9	40.2	28.8
IPS2.6	−3.5	−0.1	−4.0	5.0	−0.6	8.3	4.5	18.7	18.1	3.3	5.0
MIR2.6	−0.3	14.4	2.7	17.9	25.3	16.8	21.8	20.2	17.0	34.7	17.1
MPI2.6	−2.0	5.1	8.6	1.7	2.7	−0.6	−2.4	4.6	9.8	11.7	3.9
MRI2.6	3.6	10.8	7.7	5.3	7.2	4.7	9.1	2.4	14.2	42.1	10.7
均值	5.1	11.2	8.5	12.5	11.0	11.7	9.9	17.0	19.1	30.4	13.6

从气候模式角度来看，BCC-CSM1.1（m）、CanESM2、CESM1（CAM5）、CSIRO-Mk3.6.0、GFDL-CM3 和 MRI-CGCM3 模式输出的我国 10 大流域片区平均面降水较基准期均为增加，在不同流域的增幅均值分别为 14.3%、19.8%、19.1%、10.5%、28.8%和 10.7%。BNU-ESM、CCSM4、CNRM-CM5 和 MIROC5 模式输出的降水均只在一个流域表现为减少，对应分别为珠江流域、黄河流域、东南诸河和珠江流域，减少幅度分别为−0.9%、−1.6%、−1.2%和−0.3%。总地来说，12 种气候模式输出的不同流域降水变化均值都为正，其中 MPI-ESM-MR 模式输出的平均增幅最小，为 3.9%；GFDL-CM3 模式输出的最大，为 28.8%。

表 4-4 统计了 RCP8.5 情景的不同气候模式下我国 10 大流域片区 2070～2099 年多年平均面降水量相对于基准期变化。从流域角度来看，珠江流域平均面降水除在 BNU-ESM 和 IPSL-CM5A-MR 两个模式下表现为减少外，在其余 10 个气候模式下均表现为增加；其中，IPSL-CM5A-MR 模式输出的珠江流域平均面降水大幅减少，减少幅度为−18.5%。长江流域不同模式输出降水变化方向与 RCP2.6 情景下不同模式输出结果一致，除了 IPSL-CM5A-MR 模式输出的降水较基准期减少外，其余模式输出结果均为增加，尤其是 CESM1（CAM5）模式，模拟的降水比基准期增加 31.5%。大部分气候模式输出的东南诸河、淮河流域和西北诸河降水较基准期均为增加。尽管如此，东南诸河在 BNU-ESM 和 IPSL-CM5A-MR 模式下表现为减小，而淮河流域和西北诸河在 IPSL-CM5A-MR 模式下表现为减小。平均不同气候模式输出结果，东南诸河、淮河流域和西北诸河仍增加 7.2%、21.0%和 39.5%。西南诸河、海河流域、黄河流域、辽河流域和松花江流域在 12 个气候模式下，平均面降水均表现为增加，分别增加 23.7%、25.1%、20.6%、31.7%和 38.2%。总地来说，RCP8.5 情景下不同气候模式输出降水较基准期变化的均值在 10 大流域片区均为正，与 RCP2.6 情景下相似，珠江流域增幅最少，西北诸河增幅最多，分别为 7.1%和 39.5%。

表 4-4　基于 RCP8.5 情景的不同气候模式下我国 10 大流域片区 2070～2099 年多年平均面降水量相对于基准期变化 （单位：%）

气候模式	PR	YZR	SER	SWR	HuR	HR	YR	LR	SHR	NWR	均值
BCC8.5	3.8	12.7	13.3	21.5	14.5	18.5	18.6	28.7	30.7	33.4	19.6
BNU8.5	−8.5	9.9	−2.9	16.9	28.7	40.5	40.1	48.9	57.7	45.3	27.7
Can8.5	25.3	24.0	17.7	45.9	34.9	44.9	24.7	48.0	50.9	59.7	37.6
CCS8.5	16.5	15.3	13.2	25.5	7.7	28.5	11.8	32.5	31.6	34.3	21.7
CES8.5	26.9	31.5	19.7	33.9	22.2	22.1	15.5	30.2	31.1	46.1	27.9
CNR8.5	2.7	13.6	2.6	30.9	22.4	22.1	22.6	26.6	32.7	53.8	23.0
CSI8.5	6.2	9.9	13.7	7.2	13.2	9.7	5.4	23.6	36.9	30.1	15.6
GFD8.5	10.9	13.2	9.1	33.9	30.1	38.5	30.1	47.8	60.3	48.0	32.2
IPS8.5	−18.5	−17.2	−29.7	6.6	−6.5	5.4	5.2	23.9	34.8	−27.0	−2.3
MIR8.5	1.2	24.6	6.2	36.6	37.1	35.6	36.9	32.7	41.3	53.9	30.6
MPI8.5	12.0	10.8	12.0	12.5	13.9	7.4	9.6	11.6	15.4	32.1	13.7
MRI8.5	6.2	14.1	11.8	13.5	33.6	28.0	26.5	25.8	34.4	64.1	25.8
均值	7.1	13.5	7.2	23.7	21.0	25.1	20.6	31.7	38.2	39.5	22.8

　　从气候模式角度来看，除了 IPSL-CM5A-MR 模式外，其余 10 个模式输出的各流域平均面降水较基准期均为增加，其中 CanESM2 模式下 10 大流域片区平均降水增幅最大，达到 37.6%。BNU-ESM 模式下，仅珠江流域和东南诸河降水表现为减少，减少幅度分别为−8.5% 和−2.9%。IPSL-CM5A-MR 模式输出结果较基准期的变化在不同流域存在较大差别，如在珠江流域、长江流域、东南诸河、淮河流域和西北诸河降水较基准期减少，减小幅度分别为−18.5%、−17.2%、−29.7%、−6.5% 和−27.0%；而在西南诸河、海河流域、黄河流域、辽河流域和松花江流域，平均面降水较基准期增加，分别增加 6.6%、5.4%、5.2%、23.9% 和 34.8%。与其他 11 个模式输出的 10 大流域片区平均面降水较基准期均为增加不同，IPSL-CM5A-MR 模式下平均面降水较基准期减少−2.3%。

4.4.2　2070～2099 年气温变化分析

　　图 4-6 给出了 2070～2099 年多年平均气温较基准期（1960～1979 年）变化幅度空间分布。由于气温存在负值的情况，采用变化率可能导致气温变化方向混乱，因此，图 4-6 展示的是气温变化值。

气温变化/℃

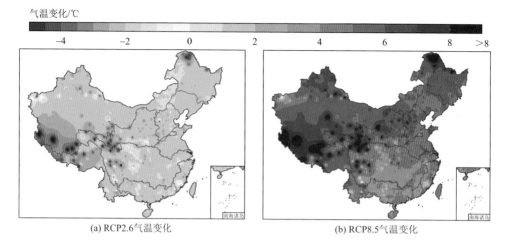

(a) RCP2.6气温变化　　　　　　　　　　　　　(b) RCP8.5气温变化

图4-6　RCP2.6和RCP8.5两种情景下不同气候模式输出的2070～2099年多年平均气温较
基准期变化幅度空间分布

　　从图4-6可以看出，2070～2099年多年平均气温相对基准期大幅增加。RCP2.6
情景下，气温变化在全国范围内普遍增加1～3℃。而在RCP8.5情景下，气温增
加更为显著，尤其是我国北方及青藏高原的大部分地区，气温增加5℃以上。Chen
等[181]和Sun等[193]的研究表明，我国南方地区气温增加3～5℃，增加量级小于我
国北方地区，与本书研究结果一致。

　　为展示不同气候模式下未来气温变化在不同流域的空间差异，图4-7给出了
RCP2.6和RCP8.5情景下基于12种气候模式输出结果提取的各子流域多年平均面
气温变化。总体而言，同一气候情景不同气候模式下气温变化的空间分布特征基
本一致。两种排放情景下，北方地区气候暖化程度明显高于南方地区。尤其是在
RCP8.5情景下，气温变化南北差异更为明显，其中，黄河流域、海河流域、松花
江流域部分子流域平均面气温在少量气候模式下增加8℃以上，如CESM1（CAM5）、
CSIRO-Mk3.6.0、IPSL-CM5A-MR和GFDL-CM3模式。RCP8.5情景各气候模式
下各子流域平均面气温变化均大于RCP2.6情景下气温变化。

　　表4-5统计了RCP2.6情景的不同气候模式下我国10大流域片区2070～2099
年多年平均面气温相对于基准期变化。从不同流域角度来看，除东南诸河，其余
9大流域在不同气候模式下平均气温均表现为升高。东南诸河在BNU-ESM模式
下平均气温表现为降低，气温下降0.3℃；不同气候模式输出的东南诸河是10大
流域片区平均气温增幅最小的流域，平均气温变化的均值是1.2℃。值得注意的是，
黄河流域平均气温升高较大，不同模式下平均升高为2.6℃，仅低于松花江流域；
然而相同情景下，黄河流域平均降水增幅较小，不同模式下平均增幅为9.9%，在
10大流域片区中仅大于珠江流域。换句话说，黄河流域平均气温大幅升高而降水

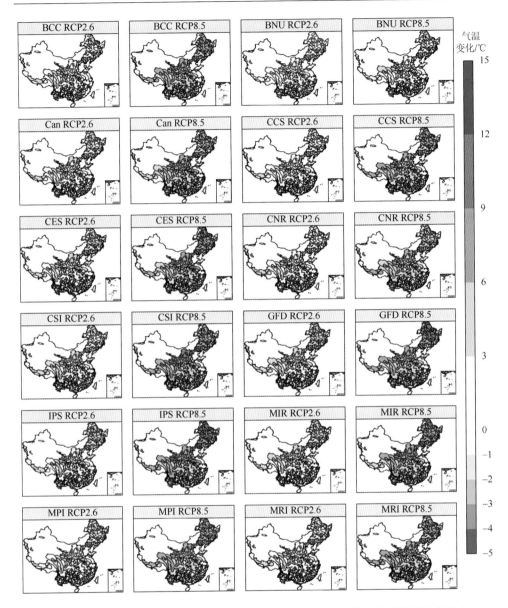

图 4-7　基于不同气候情景和气候模式输出的各子流域多年平均面气温变化空间分布

增幅较小，在这种情况下，黄河流域未来水资源安全可能面临一定威胁。对比南
北流域，南方各流域不同气候模式下平均气温变化均值明显小于北方各流域，如
珠江流域、长江流域、东南诸河和西南诸河，气温平均分别增加 1.2～1.7℃；而
北方六大流域平均增加 1.8～2.7℃。因此，可以认为在 RCP2.6 情景下，北方流域
气候暖化程度大于南方流域。

表 4-5　RCP2.6 情景的不同气候模式下我国 10 大流域片区 2070～2099 年多年平均面气温
相对于基础期变化　　　　　　　　　　　（单位：℃）

气候模式	PR	YZR	SER	SWR	HuR	HR	YR	LR	SHR	NWR	均值
BCC2.6	1.2	1.0	0.9	1.5	1.7	2.1	2.4	2.1	2.6	1.6	1.7
BNU2.6	0.1	0.0	−0.3	0.5	0.4	0.8	1.4	1.0	1.1	0.7	0.6
Can2.6	1.4	1.4	1.3	1.6	2.4	2.7	2.7	2.4	2.9	2.2	2.1
CCS2.6	1.1	0.9	0.7	1.4	1.2	1.5	2.0	1.8	2.4	1.4	1.4
CES2.6	1.8	1.7	1.7	1.8	2.3	3.0	2.9	2.9	3.5	2.1	2.4
CNR2.6	1.1	1.1	0.6	1.7	1.5	1.8	2.3	1.6	2.1	1.7	1.6
CSI2.6	2.3	2.1	2.0	2.7	2.5	3.2	3.5	2.7	2.6	2.6	2.6
GFD2.6	2.0	2.1	2.2	2.4	2.6	3.3	3.6	3.3	4.4	3.3	2.9
IPS2.6	1.4	1.4	1.1	1.8	1.8	2.4	2.5	2.6	3.3	1.8	2.0
MIR2.6	1.9	2.0	2.1	2.1	2.4	3.3	3.4	2.9	3.1	2.4	2.6
MPI2.6	1.1	0.8	0.5	1.4	1.3	1.8	2.0	1.8	2.2	1.3	1.4
MRI2.6	1.4	1.3	1.3	1.8	1.8	2.0	2.4	1.9	2.2	1.7	1.8
均值	1.4	1.3	1.2	1.7	1.8	2.3	2.6	2.2	2.7	1.9	1.9

从气候模式角度来看，BNU-ESM 模式下各流域气温升高均小于其他模式下的情况，该模式下各流域气温平均升高 0.6℃，明显小于其他 9 大流域的 1.4～2.9℃。GFDL-CM3 模式下各流域气温升高普遍大于其他模式，该模式下各流域气温升高均值为 2.9℃。

表 4-6 统计了 RCP8.5 情景的不同气候模式下我国 10 大流域片区 2070～2099 年多年平均面气温相对于基准期变化情况。从流域角度来看，除珠江流域和东南诸河外，其余 8 大流域在所有 12 种气候模式下气温均表现为升高。珠江流域和东南诸河平均气温在 BNU-ESM 模式出现降低，分别下降 0.1℃和 0.4℃；不同气候模式输出的珠江流域和东南诸河平均面气温变化的均值都是 3.5℃，是 10 大流域片区平均面气温增幅最小的两个流域。松花江流域在各模式下平均气温普遍大于其他流域，其气温变化均值为 6.8℃；特别地，在 GFDL-CM3 和 IPSL-CM5A-MR 两种模式下，该流域平均面气温变化大于 9℃。海河流域不同模式输出的平均面气温变化均值较大，为 6.3℃，仅低于松花江流域。与 RCP2.6 情景下相似，南方各流域不同气候模式下平均面气温变化均值明显小于北方各流域，如珠江流域、长江流域、东南诸河、西南诸河气温平均分别增加 3.5～4.5℃，而北方 6 大流域平均增加 4.7～6.8℃。因此，可以认为在 RCP8.5 和 RCP2.6 两种情景下，北方流域气候变暖程度均大于南方流域。

表 4-6　RCP8.5 情景的不同气候模式下我国 10 大流域片区 2070～2099 年多年平均面气温相对于基准期变化　　　　　　　（单位：℃）

气候模式	PR	YZR	SER	SWR	HuR	HR	YR	LR	SHR	NWR	均值
BCC8.5	3.7	3.9	3.6	4.5	5.0	6.3	6.5	5.6	6.7	5.8	5.2
BNU8.5	−0.1	0.1	−0.4	0.8	0.9	1.7	2.2	2.1	2.7	0.9	1.1
Can8.5	3.3	4.1	3.8	4.4	6.1	7.3	6.6	5.6	6.4	6.2	5.4
CCS8.5	3.5	3.7	3.1	4.4	3.9	5.0	5.5	4.6	6.3	4.8	4.5
CES8.5	4.6	4.8	4.5	4.6	5.8	7.4	6.8	6.6	8.3	5.8	5.9
CNR8.5	2.9	3.0	2.4	4.3	3.3	4.9	5.2	3.9	5.0	4.8	4.0
CSI8.5	5.0	5.3	5.0	6.4	5.9	8.3	8.2	6.5	6.5	6.9	6.4
GFD8.5	3.9	4.4	4.7	4.9	5.3	7.3	7.1	7.2	9.3	7.2	6.1
IPS8.5	4.9	5.4	4.7	5.6	6.5	8.2	7.6	7.5	9.4	6.6	6.6
MIR8.5	3.8	4.4	4.5	4.7	5.4	7.6	7.2	6.7	7.6	6.1	5.8
MPI8.5	3.0	3.1	2.4	4.7	4.0	6.2	5.7	6.1	7.4	4.6	4.7
MRI8.5	3.5	3.9	3.6	4.9	4.3	6.0	6.2	5.5	6.3	5.1	4.9
均值	3.5	3.8	3.5	4.5	4.7	6.3	6.2	5.7	6.8	5.4	5.0

　　从气候模式角度来看，BNU-ESM 模式下各流域气温升高程度均小于其他模式下的情况，该模式下各流域气温升高均值为 1.1℃，明显小于其他 9 大流域的 4.0～6.6℃。IPSL-CM5A-MR 模式下各流域气温升高普遍大于其他模式，该模式下各流域气温升高均值为 6.6℃；然而，该模式下各流域平均降水增幅是所有模式中最小的，为−2.3%。对于这种气温明显升高而降水减小的模式，我国未来径流将会发生怎样的变化，值得进一步分析。

4.5　气候模式下未来径流变化预估

4.5.1　径流变化对降水和气温变化的弹性系数

　　图 4-8 为基于 Budyko 框架的气候弹性图。图 4-8（a）显示，控制参数 n 的率定值与 Budyko 曲线匹配良好。从图 4-8（a）还可以看出，在干旱指数相同的流域，实际蒸发率随着控制参数 n 的增加而增大。

　　图 4-8（b）给出了径流变化对降水与气温变化的弹性系数，从该图可以看出，我国北方地区气候弹性普遍高于南方地区，表明相对干燥地区径流变化对气候变

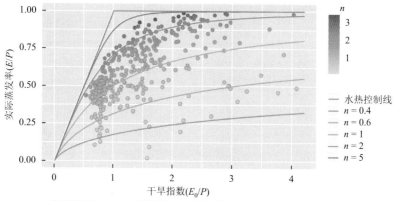

(a) 实际蒸发率(E/P)、干旱指数(E_0/P)与控制性参数n三者之间的关系

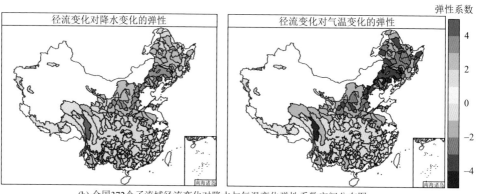

(b) 全国372个子流域径流变化对降水与气温变化弹性系数空间分布图

图 4-8　基于 Budyko 框架的气候弹性图

化更为敏感，这一现象与先前研究的发现一致[59, 60, 172]。在我国北方，包括松花江流域、辽河流域、黄河流域、淮河流域和海河流域的大部分子流域，径流变化对降水变化的弹性系数在 2～5，对气温变化的弹性系数在–5～–1。这表明，在这些子流域降水每增加 1%，径流将增加 2%～5%；相反，气温每增加 1℃，径流将减少 1%～5%。

4.5.2　2070～2099 年径流变化评估

1）未来我国径流变化评估结果

图 4-9 为基于两种情景的不同气候模式输出的降水和最低气温、最高气温数据，采用 PnT 气候弹性法所预估的 2070～2099 年多年平均径流变化中位数空间分布。根据 Arnell 和 Gosling[194]的研究，若预测的未来径流变化大于历史径流的标准差，则可认为径流变化显著。因此，图 4-9 同时也标注了径流变化显著的子流域。

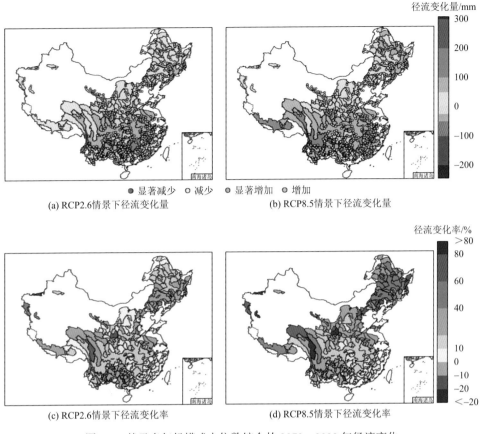

(a) RCP2.6情景下径流变化量　　　　(b) RCP8.5情景下径流变化量

(c) RCP2.6情景下径流变化率　　　　(d) RCP8.5情景下径流变化率

图 4-9　基于多气候模式中位数综合的 2070～2099 年径流变化

RCP2.6 情景下，气候变化对未来径流变化的影响在全国大部分地区以增加径流作用为主，径流增加流域包括松花江流域、辽河流域、海河流域、淮河流域、西北诸河和西南诸河，以及长江流域和东南诸河的大部分子流域，其中长江流域大部分子流域径流深的增加量大于 50mm ［图 4-9（a）］。径流增加区域空间分布特征与降水增加区域基本一致。

从径流变化率空间分布来看 ［图 4-9（c）］，北方地区径流增加率较高。辽河流域、西北诸河的大部分子流域，以及松花江流域的少量子流域，径流增幅大于40%。未来径流减少的子流域主要分布在珠江流域的西部、黄河流域源头及中部、长江流域中南部，其中，珠江流域的西部径流深减少量超过 25mm。这些区域径流减少的主要原因是降水少量增加甚至减少，而气温大幅升高。

RCP8.5 情景下，径流变化空间分布与 RCP2.6 情景下基本一致 ［图 4-9（b）］。然而，RCP8.5 情景下径流变幅明显增大，例如，松花江流域、辽河流域片区及西北诸河的大部分子流域径流增幅均超过 60% ［图 4-9（d）］。径流增加显著的区域主要分布在西北诸河、西南诸河的大部分子流域，以及松花江流域东部和长江流域西部的少量子流域。这主要是由于这些子流域面降水量在 RCP8.5 情景下大幅增加。另外，受温度上升剧烈的影响，黄河流域上游南部的部分子流域径流深减少 0~25mm；受降水轻微增加或减少而气温明显升高的影响，珠江流域西部及长江流域中南部的少量子流域径流大幅减少，径流深减少 25~100mm。总体而言，RCP8.5 情景下径流减少的子流域少于 RCP2.6 情景。

2）不同气候模式下我国 10 大流域片区未来径流平均变化

图 4-10 进一步展示了我国 10 大流域片区 2070~2099 年径流变化分布情况。从不同流域子流域未来径流变化中位数分布情况来看，各流域径流变化均以增加为主。RCP2.6 情景下各流域径流增幅的中位数在 2%~30%；RCP8.5 情景下径流增幅更大，径流增幅的中位数在 7%~52%。除黄河流域外，10 大流域片区未来径流增幅的中位数自南向北总体呈增大趋势。而黄河流域径流增幅的中位数小于北方其他 5 大流域片区。另外，值得注意的是，辽河流域、松花江流域和西北诸河中的所有子流域未来径流变化均表现为增加。而在珠江流域，有大约 25% 的子流域未来径流变化以减少为主，意味着该区在未来气候变化影响下水资源安全风险增大。

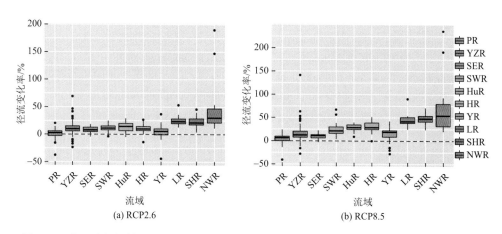

(a) RCP2.6　　　　　　　　(b) RCP8.5

图 4-10　基于多气候模式中位数综合的 2070~2099 年我国 10 大流域片区径流变化分布情况

图中的·表示异常值

表 4-7 统计了基于 RCP2.6 情景的不同气候模式下输出的降水和最低气温、最高气温数据，采用 PnT 气候弹性法模拟的我国 10 大流域片区 2070~2099 年多年平均径流较基准期变化幅度。

从流域角度来看，珠江流域多年平均径流较基准期的变化，在多数气候模式下表现为减少；尽管如此，由于部分气候模式下径流增幅较大，从而不同气候模式下径流变化均值仍为正，增幅为 2.3%。长江流域不同气候模式下径流平均增加

11.9%，与 RCP2.6 情景下降水变化相似，除了 IPSL-CM5A-MR 模式下径流较基准期减少外，其余模式下均表现为增加，尤其是 CESM1（CAM5）模式，模拟的平均径流变化较基准期增加 32.9%。东南诸河、西南诸河、淮河流域、海河流域、黄河流域和辽河流域径流变化在多数气候模式下表现为增加，不同气候模式下平均径流变化均值分别为 7.6%、12.9%、12.9%、12.5%、6.7%和 26.9%。松花江流域在所有 12 种气候模式下平均径流均为增加，其中在 GFDL-CM3 模式下径流增幅最大，达到 69.5%；在 MPI-ESM-MR 模式下径流增幅最小，为 8.0%。松花江流域不同气候模式下平均径流变化均值为 25.4%。西北诸河平均径流变化除在 IPSL-CM5A-MR 模式下减小外，在其余模式下均表现为增加，且增幅普遍大于其他流域；该流域不同气候情景下平均径流变化均值为 43.5%。

表 4-7　RCP2.6 情景的不同气候模式下我国 10 大流域片区 2070～2099 年多年平均径流较基准期变化　　　　　　　（单位：%）

气候模式	PR	YZR	SER	SWR	HuR	HR	YR	LR	SHR	NWR	均值
BCC2.6	2.7	18.1	23.9	8.8	13.4	10.4	−6.4	46.5	32.1	30.8	18.0
BNU2.6	−5.4	6.7	−0.7	9.9	8.5	24.6	28.2	28.2	21.8	57.2	17.9
Can2.6	8.9	15.2	8.6	25.3	27.3	24.8	13.8	40.8	33.4	73.9	27.2
CCS2.6	9.9	13.4	13.9	12.8	3.4	9.3	−18.7	20.2	17.4	32.9	11.5
CES2.6	23.8	32.9	17.6	23.4	17.8	−0.6	12	18.9	25.5	53.2	22.5
CNR2.6	−2.2	2.3	−5.8	19.2	−8.9	10.2	10.7	12.7	25.7	55.5	11.9
CSI2.6	−2.5	7.7	9.0	−0.6	14.1	2.0	−6.5	24.1	12.9	36.4	9.7
GFD2.6	16.9	21.6	21.3	33.2	45.4	58.1	30.3	80	69.5	54.6	43.1
IPS2.6	−10.7	−5.6	−10.2	1.9	−10.9	4.2	−4.6	29.1	20.6	−0.8	1.3
MIR2.6	−4.8	16.6	−1.4	21.0	41.6	19.5	32.3	30.8	19.2	49.4	22.4
MPI2.6	−8	2.8	8.6	−2.3	−2.7	−11.7	−18.1	−2.3	8.0	17.7	−0.8
MRI2.6	−0.5	11.1	6.1	2.4	6.3	−0.4	7.6	−6	18.2	61.5	10.6
均值	2.3	11.9	7.6	12.9	12.9	12.5	6.7	26.9	25.4	43.5	16.3

　　从气候模式角度来看，BCC-CSM1.1（m）模式下，除黄河流域外，其他流域平均径流均为增加，增幅在 2.7%～32.1%。该模式下，黄河流域降水增加幅度在 10 大流域片区中最小，而气温大幅上升，从而导致黄河流域径流减小。CanESM2 和 GFDL-CM3 模式下不同流域径流变化方向与降水变化一致，10 大流域片区平均径流较基准期均为增加，径流变化幅度在不同流域的均值分别为 27.2%和 43.1%。除 MPI-ESM-MR 模式外，其余模式下不同流域径流变化均值均为正，变化幅度在 1.3%～43.1%，变化差异较大；而在 MPI-ESM-MR 模式下，有半数流域径流平均

变化表现为减少，减少幅度在−18.1%～−2.3%，从而使得该模式下不同流域径流变化均值为负（−0.8%）。

表 4-8 统计了基于 PnT 气候弹性法，基于 RCP8.5 情景的不同气候模式下我国 10 大流域片区 2070～2099 年多年平均径流较基准期（1960～1979 年）变化幅度。

表 4-8　RCP8.5 情景的不同气候模式下我国 10 大流域片区 2070～2099 年多年平均
径流较基准期变化　　　　　　　　　　　　（单位：%）

气候模式	PR	YZR	SER	SWR	HuR	HR	YR	LR	SHR	NWR	均值
BCC8.5	−0.9	11.4	12.1	24.0	10.9	14.7	11.1	42.0	36.1	39.4	20.1
BNU8.5	−15.7	12.6	−6.7	19.7	51.5	76.0	76.2	104.0	103.0	66.8	48.7
Can8.5	31.2	29.5	17.9	59.9	50.1	67.9	23.3	90.8	77.4	96.1	54.4
CCS8.5	17.9	15.5	12.4	30.1	−0.7	40.4	−0.5	56.1	38.1	48.3	25.8
CES8.5	30.8	38.2	19.5	41.6	22.2	17.0	0.3	39.1	30.1	62.5	30.2
CNR8.5	−2.5	14.7	−1.8	40.5	34.1	27.6	25.9	45.3	46.6	81.3	31.2
CSI8.5	0.9	4.7	11.9	1.0	8.0	−8.8	−24.8	28.8	50.9	33.5	10.6
GFD8.5	8.7	11.8	5.4	44.0	44.0	55.4	31.2	84.8	89.3	70.8	44.5
IPS8.5	−35.7	−36.0	−50.4	−0.2	−32.9	−18.1	−22.6	20.8	31.5	−58.6	−20.2
MIR8.5	−3.4	30.5	1.6	45.7	59.4	48.1	52.6	47.3	53.1	76.2	41.1
MPI8.5	11.4	8.8	11.8	11.1	13.5	−7.9	−2.5	−5.2	0.1	46.5	8.8
MRI8.5	0.7	12.6	9.1	10.5	53.6	36.2	29.2	38.5	46.7	98.9	33.6
均值	3.6	12.9	3.6	27.3	26.1	29.0	16.6	49.3	50.2	55.1	27.4

从流域角度来看，珠江流域径流变化在近半数气候模式下表现为减小，使不同气候模式下径流变化均值较小，增幅为 3.6%。长江流域不同气候模式下径流变化均值为 12.9%，与 RCP8.5 情景下降水变化相似，除 IPSL-CM5A-MR 模式外，径流变化在其余气候模式下均表现为增加，尤其是在 CESM1（CAM5）模式下，模拟的平均径流变化较基准期增加 38.2%。东南诸河和黄河流域在部分气候模式下径流变化表现为减小，使不同气候模式下径流变化均值较小，增幅分别为 3.6% 和 16.6%。西南诸河、淮河流域、海河流域和辽河流域在绝大部分的气候模式下平均径流变化均表现为增加，各气候模式下模拟的平均径流变化均值在 26.1%～49.3%。松花江流域平均径流变化在所有 12 种气候模式下均为增加，其中在 BNU-ESM 模式下径流增幅最大，达到 103.0%；在 MPI-ESM-MR 模式下径流增幅最小，为 0.1%；不同气候情景下平均径流变化均值为 50.2%。西北诸河平均径流变化除在 IPSL-CM5A-MR 模式下减小外，在其余模式下均为增加，且增幅普遍大于其他流域，该流域不同气候模式下平均径流变化均值为 55.1%。

从气候模式角度来看，BCC-CSM1.1（m）模式下，除珠江流域外，其他流域平均径流均为增加，不同流域径流变化幅度在 −0.9%～39.4%。BNU-ESM 模式下不同流域径流变化方向与该模式下降水变化情况相似,除珠江流域和东南诸河模拟的平均径流减小外,其余流域均为增加。CanESM2、CESM1（CAM5）、GFDL-CM3 和 MRI-CGCM3 模式下模拟的 10 大流域片区平均径流较基准期均为增加,径流变化幅度在不同流域的均值分别为54.4%、30.1%、44.5%和33.6%。除IPSL-CM5A-MR 模式外,其余模式下不同流域径流变化均值均为正值;且在该模式下,有 8 个流域径流平均变化表现为减少,且减少幅度较大,在–0.2%~–58.6%,从而使得该模式下不同流域径流平均变化均值较小,为–20.2%。

3）降水和气温变化对未来径流变化相对贡献率

采用式（4-21）计算的 RCP2.6 和 RCP8.5 情景下降水和气温变化对径流变化贡献率空间分布如图 4-11 所示。

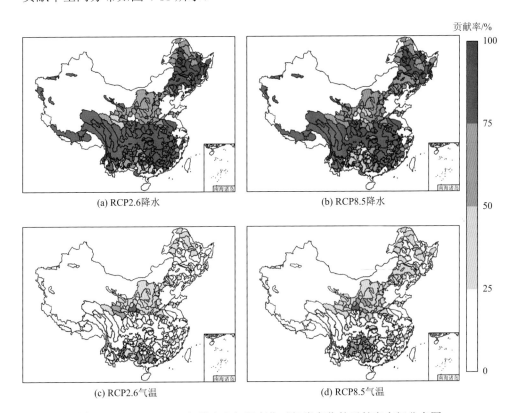

图 4-11　2070~2099 年降水和气温变化对径流变化的贡献率空间分布图

对比 RCP2.6 和 RCP8.5 情景下降水变化（或气温变化）贡献率空间变化,可以发现两种情景下降水变化（或气温变化）贡献率空间变化特征极为相似。然而,RCP2.6 情景下的降水变化对径流变化的贡献率在不少子流域大于在 RCP8.5 情景下的贡献率,这些子流域主要分布在长江流域、东南诸河、珠江流域、松花江流域和辽河流域。降水变化的贡献率在全国大多数子流域均大于气温变化的贡献率；但对于黄河流域南部及珠江流域西部的少量子流域，气温变化的贡献率大于降水变化的贡献率（图4-11）。总体而言，降水变化和气温变化在RCP2.6情景下对全国372个子流域未来径流变化的平均贡献率分别为80.7%、19.3%；在RCP8.5情景下分别为74.6%、25.4%。两种情景下，降水变化均为未来径流变化的主导因素。

4.5.3　不同气候模式下未来径流变化一致性分析

图4-12给出了基于RCP2.6和RCP8.5情景下预测各子流域未来径流变化为增加的气候模式数量空间分布图。以12减去各子流域对应数值，即为预测相应子流域未来径流变化减少的气候模式数量。从图4-12可以看出，在东北地区、西北地区及西南地区，绝大多数气候模式预测的未来径流变化表现为增加。

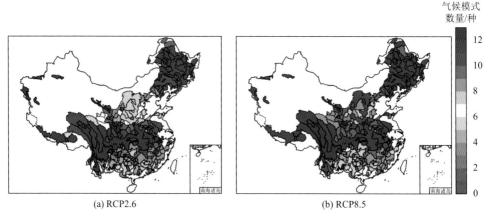

图4-12　基于RCP2.6和RCP8.5两种情景下预测各子流域未来径流变化为增加的气候
模式数量空间分布图

Arnell和Gosling[194]研究指出，若某流域有超过2/3（即超过8种）的气候模式预测的径流变化表现为增加（或减少），则可认为预测的未来径流一致增加（或一致减少）。图4-13给出了RCP2.6和RCP8.5情景下未来径流变化一致增加、一致减少与变化不一致的子流域数占相应大流域片区子流域总数的比值。

总体而言，所研究的372个子流域中，预测的未来径流变化在RCP2.6和RCP8.5情景下分别有61.8%和69.1%的子流域表现为一致增加，其中，辽河流域、松花江流域、西北诸河的全部子流域在两种情景下均表现为一致增加（图4-13）。另外，基于RCP2.6和RCP8.5情景预测的径流变化分别有4.8%和2.4%的子流域表现为一致性减少，这些子流域主要分布在珠江流域西部及黄河流域中部（图4-13）。除

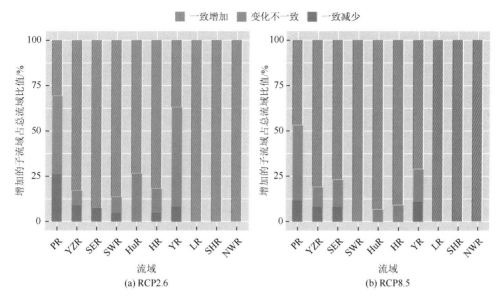

图 4-13　全国 10 大流域片区径流变化一致性增加、一致性减少与变化不一致的子流域占比

了以上未来径流变化一致的子流域外，另外在 RCP2.6 和 RCP8.5 情景下预测的未来径流变化分别有 33.4%和 28.5%的子流域表现为不一致，这些子流域主要分布在珠江流域和黄河流域。

4.6　讨　　论

4.6.1　不同研究结果对比分析

研究发现降水变化对北方地区径流变化具有 2～5 倍放大影响，这一现象与以往研究结果一致[59, 110]。此外，相似的降水放大影响还出现在澳大利亚西南部地区[195]。Ma 等[113]采用多元线性方法评估黄河流域的密云子流域水文变化对气候变化的响应，研究发现该地区气温上升 1℃，径流将减少 4%，这一研究结果与本章一致。

未来径流变化对气候变化的响应在大部分区域表现为增加形式，如东南诸河、西北诸河的所有子流域，以及松花江流域、长江流域、珠江流域、淮河流域的大部分子流域。而在历史时期，这些区域的径流变化对历史气候变化的响应同样是以增加形式为主[14, 59]。同样的，气候变化影响下未来径流减少的珠江流域西部、长江流域中南部及黄河流域源头和中部地区在历史气候变化影响下也表现为减少。Xu 等[37]采用 SWAT 模型预测黄河流域源头径流变化，研究发现，受气温显著上升而降水轻微增加的影响，该区域 2010～2099 年径流变化呈减少趋势，本章的主要发现与此研究结果基本一致。黄河流域 40%的耕地依靠引黄灌溉[196]，未来天然径流的大幅减少将对该地区的农业生产造成较大影响。

4.6.2　不确定性分析

一方面，本章采用的方法存在不确定性。首先，PnT 弹性系数法自身存在一定的不确定性。如表 4-2 所示，模拟径流在干旱地区通常存在负偏差，如西北诸河、黄河流域、淮河流域和海河流域，偏差率约为–8.00%～–1.23%；而在湿润地区通常为正偏差，如东南诸河、长江流域和西南诸河等，偏差率约为 1.04%～4.59%。这种模拟误差将导致北方地区预测的未来径流低估，而南方地区预测的未来径流高估。其次，PnT 气候弹性法为基于 Budyko 方程和简化的 Makkink 方程微分分解得到。Yang 等[84]研究指出，基于 Budyko 方程一阶泰勒展开的气候弹性法存在内在误差，并发现当多年平均降水增加 10mm，预测的降水对径流变化的影响量存在 0.5%～5%的误差。

另一方面，气候模式同样存在不确定性。Li 等[197]研究指出气候模式所带来的不确定性远大于模拟方法所产生的不确定性。Hawkins 和 Sutton[198]等认为气候模式不确定性来源于气候模式选择、情景选择和模式综合，并发现不确定性主要源自气候模式的选择。因此，这里重点讨论不同气候模式所导致的不确定性。

图 4-14 展示的是 RCP2.6 和 RCP8.5 情景的基于 12 种气候模式下我国 2070～2099 年径流变化空间分布。从图 4-14 可以看出，潜在的气候变化对未来径流变化的影响在不同气候情景和气候模式下存在较大差异，这主要受不同模式输出的降水差异显著的影响（图 4-5）[193]。从图 4-14 还可以看出，径流变化在少数气候模式下表现以减少为主，包括 CSIRO-Mk3.6.0、IPSL-CM5A-MR、MPI-ESM-MR 3 种气候模式。而在其他 9 种气候模式下径流变化以增加为主，尤其在 CanESM2 和 CESM1（CAM5）两种气候模式下，有超过 95%的子流域径流变化表现为增加。

图 4-15 给出了 RCP2.6 情景下，基于不同气候模式预测的未来径流增加的子流域占各流域片区流域总数的比重。从图 4-15 可以看出，不同气候模式下径流增加的子流域比例存在较大差异，尤其在珠江流域最为明显。表明基于不同气候模式预测的未来径流变化存在较大不确定性。尽管如此，仍有不少流域片区径流变化在不同气候模式下呈高度一致，如西北诸河、辽河流域和松花江流域。松花

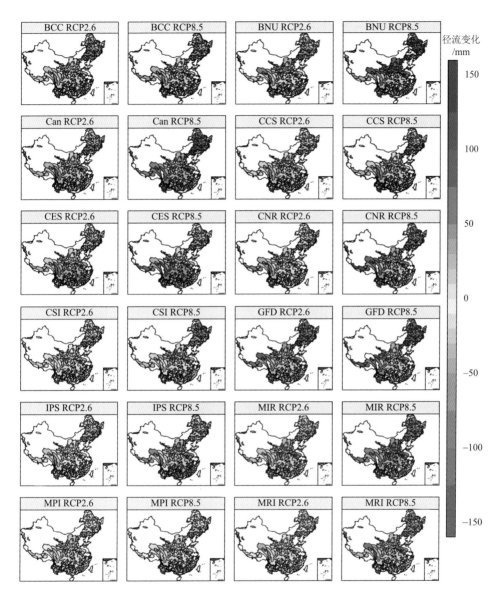

图 4-14　基于 RCP2.6 和 RCP8.5 情景的 12 种气候模式下我国 2070～2099 年
径流变化空间分布

江流域径流增加的子流域比例在不同气候模式下均超过 88%；除 MRI-ESM-MR
和 IPSL-CM5A-MR 模式外，在其余 10 种气候模式下西北诸河径流增加的子流域
比例均为 100%。

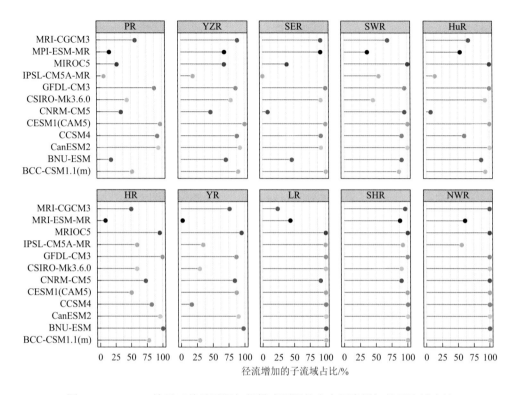

图 4-15   RCP2.6 情景下基于不同气候模式预测的未来径流增加的子流域占比

图 4-16 给出了 RCP8.5 情景下，不同气候模式下未来径流变化表现为增加的子流域占各流域片区子流域总数的比重。对比图 4-16 可以看出，RCP8.5 情景下径流增加的子流域占比与 RCP2.6 情景下相似，这里不再分析。

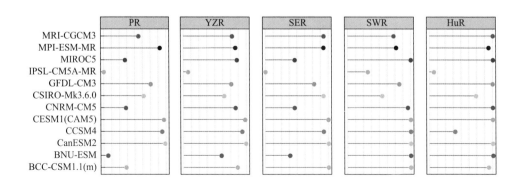

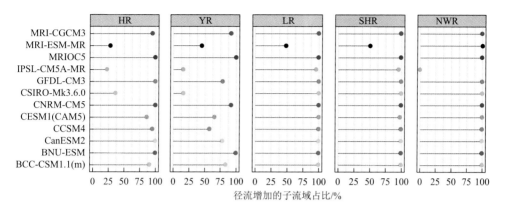

图 4-16　RCP8.5 情景下基于不同气候模式预测的未来径流增加的子流域占比

4.7　本　章　小　结

本章推导了一种四变量气候弹性方法，即 PnT 气候弹性法。基于该方法，评估了 RCP2.6 和 RCP8.5 两种情景下与 12 种气候模式下的未来径流变化预测。得出以下主要结论。

（1）本章推导的 PnT 气候弹性法对多年平均径流变化模拟效果良好。该方法充分考虑了气候暖化背景下的最高气温和最低气温两个关键要素，而气温要素又是气候模式输出要素中不确定性较小的要素之一。因此，PnT 气候弹性法更适合评估未来径流变化对气候变化的影响研究。

（2）2070～2099 年，RCP2.6 情景下全国绝大部分地区多年平均面降水变化以增加形式为主，例如辽河流域、海河流域、淮河流域，以及松花江流域和黄河流域的大部分区域；而在 RCP8.5 情景下，多年平均面降水量增加的区域几乎覆盖整个中国。降水增幅较大的区域主要分布在我国半湿润半干旱地区，尤其在 RCP8.5 情景下，我国半湿润半干旱地区的大部分地区多年平均降水增幅均超过 10%。RCP2.6 和 RCP8.5 两种情景下，气温变化在全国范围内均表现为增加，尤其在 RCP8.5 情景下，气温增加更为明显，北方大部分地区气温上升超过 4℃。

（3）2070～2099 年，气候变化影响下的多年平均径流变化在全国范围内以增加形式为主。基于 RCP2.6 和 RCP8.5 两种情景预测的未来径流变化具有相似的空间分布特征，但基于 RCP8.5 预测的未来径流变化幅度普遍大于基于 RCP2.6 预测的结果。一般而言，降水变化是未来径流变化的主导因素；然而，受气温显著上升的影响，在黄河流域上游及中部地区的子流域，径流并不随降水的增加而增加。

（4）基于不同气候模式预测的未来径流在变化量级上存在较大差异，但在变化方向具有较强的一致性。RCP2.6 和 RCP8.5 两种情景下，分别有 66.6% 和 71.5% 子流域在不同气候模式下的径流变化方向一致。特别是辽河流域、松花江流域和西北诸河，其所有子流域未来径流变化均表现为一致增加。

总地来说，本章基于不同气候情景和气候模式，首次系统评估了全国范围内 372 个子流域未来径流变化对气候变化的响应。本章的研究结果有助于政策制定者制定更有效的规划和管理水资源。本章提出的 PnT 气候弹性系数法同样可以运用于全球其他区域未来径流变化评估。

第5章 气候变化和植被动态对全球大河流域水热平衡影响

5.1 概 述

气候变化、植被动态和水循环三者相互影响。评估气候变化和植被动态对流域水热平衡的影响对了解三者之间的交互作用具有重要的理论意义[178, 199, 200]；同时,分析流域水热平衡变化的主导因素对流域水资源管理具有重要的实际意义[9, 22]。

Budyko 框架是链接气候-植被-水循环最出色的概念框架之一，被广泛应用于评估气候、流域特征与水文循环的耦合关系研究[176, 199, 201]。Choudhury-Yang 公式为 Budyko 框架下的水热耦合平衡方程之一[178]。水热耦合平衡方程的控制参数 n 控制着降水向蒸发和径流的转化。已有研究结果表明，控制参数 n 变化引起的水文效应可以代表人类活动[13]和下垫面变化[37]等其他因子对水循环的影响。

Budyko 水热耦合平衡方程控制参数需要利用实测的径流或实际蒸发数据率定，而径流和实际蒸发数据通常较难收集。如果该参数能够通过其他易获取的下垫面因子或气候因子表达，则可将 Budyko 框架推广至无观测流域的水热平衡研究，同时利用基于不同变量建立的控制参数 n 的表达式，还可进一步评估相应因子对水热平衡的影响[202]。因此，探讨控制参数的影响因素、发展控制参数的经验公式，成为近年来水文学领域的研究热点之一[176, 199, 203, 204]。

影响控制参数的因子众多。植被因子是重要的下垫面因子，许多研究已证实该因子对控制参数的影响。Zhang 等[205]研究发现流域下垫面以森林覆盖和以草本植被覆盖的蒸散发存在明显差别，并通过植被类型与控制参数建立的关系，评估不同植被类型对流域实际蒸发的影响。Donohue[206]等研究表明 Budyko 框架中考虑植被信息能提高水热耦合平衡方程对实际蒸发的模拟精度。Wei 等[207]则建立控制参数与植被叶面积指数的一元线性函数。孙福宝等[208]利用黄河流域 63 个子流域气象水文数据，评估了控制参数与流域下垫面的关系，并提出了基于植被-土壤有效蓄水能力和流域平均坡度估算的控制参数经验公式。Yang 等[209]分析了华北地区植被覆盖率（M）空间分布与控制参数的关系，发现两者显著相关；然而植被覆盖率对控制参数的关系在不同流域存在较大差别，两者在海河流域呈负相关，在黄河流域呈正相关。Li 等[202]选用全球 26 个流域，探讨多年尺度上控制参数与植被覆盖率之间的关系，发现两者的空间分布存在显著的正相关关系。Yang 等[59]分析全国 201 个流域控制参数与植被覆盖率之间的关系，发现两者的相关性并不显著。

地形因子对流域产汇流有重要影响，进而影响流域水量平衡。Yang 等[209]将地形坡度考虑进水热耦合平衡方程的控制参数中，发现两者相关性显著。类似地，Xu 等[204]发现控制参数 n 的空间分布还与地形特征、纬度、海拔等因子有关，并指出未来有必要建立模拟控制参数时间变化的动态方程。Zhou 等[4]发现控制参数与流域坡度和流域面积在全球尺度上显著相关。

然而，受 Budyko 水热耦合平衡方程的稳定状态假设限制，上述发现的控制参数与其他解释变量的关系普遍是基于长时间尺度而建立的，即评估的是控制参数空间变化与其他解释变量空间变化的关系[178, 199, 202-204, 209, 210]。既然相关研究已证实下垫面等其他因子对控制参数空间变化的影响，那么在流域下垫面存在时间变化的情况下，流域控制参数在年际尺度上是否又会产生变化，其与其他解释变量的关系又该怎样表达？

Ning 等[176]在 2017 年建立了基于年际尺度的黄土高原控制参数的半经验公式。然而，本书中控制参数 n 的年变化值是基于不考虑年际储水变化影响的水热耦合平衡方程所得。陆地储水在年际尺度存在一定的变化，并且是大多数流域年际水热平衡中的关键因素，特别是对于干旱区河流流域[211]。Chen 等[211]研究表明，以降水减去储水变化得到的有效降水替代降水，即可将多年尺度的水热耦合平衡推广至年际尺度。

相关研究指出，可供水量（降水）与可利用能量（潜在蒸发）年内分布不匹配对流域产流具有重要影响[212]，因此水热年内不匹配同样影响 Budyko 水热耦合平衡方程的控制参数。杨汉波等[213]引入气候季节性指数（SI）来定量表达水热不匹配，该研究发现气候季节性指数与控制参数 n 的空间变化显著相关[199]。然而，值得注意的是，水热不匹配不仅包括水热季节性变化幅度的差异，还应该包含水热周期性的相位差异。因此，有必要发展一种同时反映水热年内分布的季节性和非同步性气候指数。

综上所述，流域下垫面特征是影响控制参数 n 空间分布变化的主导因素，然而已有研究对控制参数 n 的时间变化缺乏研究。一般而言，流域地形、纬度、平均坡度等要素在短时间尺度几乎不发生变化。而流域植被覆盖、水热年内分配在年际和年内尺度上均会发生变化。近年，Zhang 等[178]研究指出气候季节性应该是影响控制参数 n 的重要因素，并建议进一步评估全球其他流域植被与控制参数 n 的关系。因此，如何将植被动态和水热年内分布差异的年际变化考虑进 Budyko 框架，即如何将两者与控制参数 n 年际变化建立全球表达，值得进一步研究。

本章采用分布广泛且具有不同气候特征的全球 26 个大河流域的气象水文数

据集，基于植被动态和本章推导的气候季节性和非同步性指数（SAI），探讨控制参数 n 与植被动态和气候年内变异（SAI 变化）之间的关系，并建立控制参数 n 时空变化的半经验方程。进而，基于建立的控制参数 n 对植被动态和气候年内变异的参数化方程，评估关键水循环要素（径流和实际蒸发变化）对植被动态和气候年内变异响应。

根据第 1 章中总结的研究现状和不足及以上概述，本章有如下 3 个研究目标：①提出反映水热年内分布不匹配性的气候季节性和非同步性指数（SAI）；②建立基于全球主要大河流域水热耦合平衡方程的控制参数 n 时空变化经验方程；③评估气候年内变异、植被动态等因子对全球主要大河流域关键水循环要素的影响。

5.2　数据和方法

5.2.1　研究数据

本章收集了全球 32 个全球大河流域数据集，包含降水、实际蒸发、径流和陆地储水变化（TWSC）等要素 1984～2006 年的月尺度数据[214]。该数据集综合了遥感反演、模型模拟和全球再分析产品等多源数据，利用估计误差权重同化所得。关于该数据集的更多详细介绍，可以参考 Pan 等[214]的研究。

目前，全球 32 个大河流域数据集被认为是全球较好的流域气象水文数据集之一，并被广泛运用于水热耦合平衡研究[9, 194, 202, 204]。其中，Li 等[202]研究指出该数据集中有 6 个流域的部分数据超出水热耦合平衡的水热限制，并建议采用其他 26 个流域数据用于水热平衡研究。因此，本章基于 26 个流域的气象水文数据，分析水热耦合平衡方程控制参数 n 的时空变化的影响因素，进而评估气候变化和植被动态对水热平衡变化的影响。

另外，本章还收集到空间精度为 0.5° 的全球潜在蒸发数据，原始数据覆盖年份为 1901～2015 年，数据来源来源于东安格利亚大学气候研究小组。逐月归一化植被指数（NDVI）数据来源于 Global Inventory Modeling and Mapping Studies（GIMMS）[202, 215]，空间精度同为 0.5°，原始数据覆盖年份为 1984～2006 年。全球 26 个主要大河流域多年平均气象水文和植被覆盖数据如表 5-1 所示。

表 5-1　全球 26 个大河流域多年平均（1984～2006 年）气象水文、植被覆盖信息

序号	流域名称	英文名称	P/mm	E_0/mm	TWSC/mm	E/mm	R/mm	M	SAI	n
1	亚马孙河	Amazon	2173	1284	6	1145	1022	9.2	0.5	2.3
2	阿穆尔河	Amur	411	756	−5	282	134	3.8	0.9	1.1

序号	流域名称	英文名称	P/mm	E_0/mm	TWSC/mm	E/mm	R/mm	M	SAI	n
3	咸海	Aral	255	1129	−22	209	68	2.4	0.8	0.9
4	哥伦比亚河	Columbia	566	916	−20	318	268	4.7	1.9	0.9
5	刚果河	Congo	1371	1175	9	1008	354	8.8	0.2	3.3
6	多瑙河	Danube	733	742	−14	498	249	6.7	0.7	1.8
7	印迪吉尔卡河	Indigirka	223	345	6	73	144	2.4	1.6	0.5
8	印度河	Indus	450	1315	−6	293	163	2.5	1.3	0.8
9	科雷马河	Kolyma	267	355	6	125	137	2.6	1.2	0.8
10	勒拿河	Lena	352	436	4	180	168	3.6	1.0	0.9
11	马更些河	Mackenzie	392	462	2	212	178	4.4	1.0	1.0
12	密西西比河	Mississippi	776	1104	−3	578	201	6.1	0.7	1.6
13	尼日尔河	Niger	616	1958	−10	423	202	3.2	1.5	0.8
14	尼罗河	Nile	543	1863	−2	421	124	3.7	0.7	1.0
15	北德维纳河	Northern Dvina	588	479	−10	267	330	6.3	0.9	1.0
16	鄂毕河	Ob	474	597	−2	275	200	4.7	1.1	1.1
17	奥列尼奥克河	Olenek	277	370	−2	113	166	2.5	1.4	0.7
18	巴拉那河	Parana	1242	1307	−14	982	274	8.4	0.5	2.6
19	珠江	Pearl	1424	967	−7	627	804	6.1	0.7	1.2
20	伯朝拉河	Pechora	544	394	2	186	356	3.8	0.8	0.8
21	塞内加尔河	Senegal	318	2014	−8	284	41	2.0	2.2	1.0
22	伏尔加河	Volga	568	651	−11	354	225	5.6	1.2	1.3
23	长江	Yangtze	1000	857	−3	378	625	5.4	0.5	0.8
24	黄河	Yellow	424	919	−5	324	105	3.4	0.8	1.2
25	叶尼塞河	Yenisei	430	468	−6	227	209	4.3	0.8	1.0
26	育空河	Yukon	268	383	16	86	166	3.7	1.1	0.5

5.2.2　年尺度 Budyko 水热耦合平衡方程

基于 Budyko 框架，Choudhury[216]和 Yang 等[64]推导了一个水热耦合平衡方程：

$$E = \frac{PE_0}{(P^n + E_0^n)^{1/n}} \qquad (5\text{-}1)$$

式中，n 是该 Choudhury-Yang 公式的控制参数。

流域内降水最终形成径流和蒸发[175]。然而，受陆地储水变化影响，在短时间尺度上，如年际尺度，蒸发通常不等于降水与径流的差值。已有研究表明，储水变化对年内水热平衡具有显著的影响[85]。为考虑陆地储水变化影响，Wang 和 Alimohammadi[217]建议在水热耦合平衡中以有效降水（P_e）替代降水。有效降水为降水减去陆地储水变化量，即 $P_e = P - \text{TWSC}$。引入有效降水的概念，多年尺度的 Choudhury-Yang 公式即可扩展成短时间尺度的水热耦合平衡方程：

$$R = P_e - \frac{P_e E_0}{(P_e^n + E_0^n)^{1/n}} \tag{5-2a}$$

$$E = \frac{P_e E_0}{(P_e^n + E_0^n)^{1/n}} \tag{5-2b}$$

式中，n 为控制参数，控制 Budyko 曲线的形状，该参数可以利用最小均方根误差来率定[209, 218]。

　　全球 26 个大河流域控制参数 n 的年际变化值及其与实际蒸发率、干旱指数的关系如图 5-1 所示。

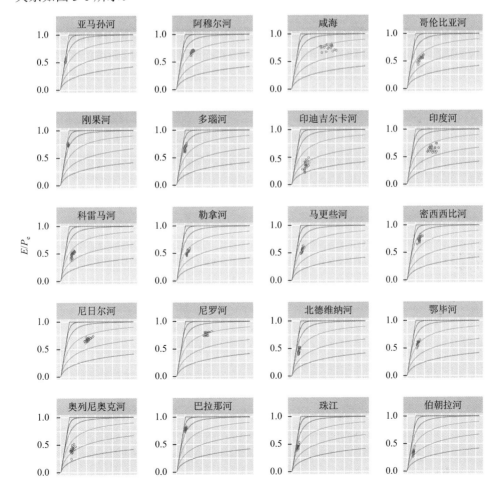

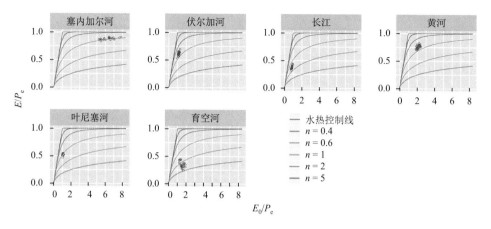

图 5-1　全球 26 个大河流域实际蒸发率、干旱指数与控制参数 n 关系图

控制参数 n 通常又被称为流域特征参数，主要受下垫面条件（例如，植被、土壤、地形等）、气候条件（季节性等）及人类活动的影响（灌溉、水库等）[14, 178, 199]。下垫面条件中植被覆盖在年内、年际尺度均存在较大变化，而土壤、地形等变化在年际、年内尺度上基本保持不变。Ning 等[176]研究表明，气候季节性对控制参数变化具有明显影响。因此，本章以植被覆盖变化和气候季节性模拟控制参数的时空变化，进而评估气候变化和植被动态对径流和蒸发变化的影响。

另外，第 2 章研究结果表明，人类活动（灌溉、水库等）与控制参数 n 的空间变化显著相关。然而，本书并没能搜集到相关的全球人类活动数据。因此，本章并未考虑人类活动相关要素的影响。尽管如此，本章的水热耦合平衡方程充分考虑了储水变化的影响，因此，在一定程度上可以减弱水库、灌溉等人类活动对水热耦合平衡的影响。

植被覆盖率即为陆地表面被植被覆盖的比例，可以通过 NDVI 数据来计算[219]：

$$M = (\mathrm{NDVI} - \mathrm{NDVI}_{\min}) / (\mathrm{NDVI}_{\max} - \mathrm{NDVI}_{\min}) \tag{5-3}$$

式中，$\mathrm{NDVI}_{\max}$ 和 $\mathrm{NDVI}_{\min}$ 分别为高密度的森林覆盖和低密度的森林覆盖（裸土为主）所对应的 NDVI 值。两者的取值一般分别为 $\mathrm{NDVI}_{\max} = 0.80$ 和 $\mathrm{NDVI}_{\min} = 0.05$ [176, 199, 202]。

5.2.3　气候季节性和非同步性指数推导

黄赤交角的存在使得太阳直射点在南北回线之间周期性运动，从而使得气候出现季节性变化。降水和潜在蒸发的季节性变化主要受太阳辐射控制。为反映水分和能量供应的季节性变化，Milly[122]等假定降水和潜在蒸发年内变化服从正弦分布，得到降水和潜在蒸发年内变化表达式[200, 220]：

$$P(t) = \overline{P}\left[1 + \delta_P \sin\left(\frac{2\pi}{\tau}\frac{t}{12}\right)\right] \tag{5-4a}$$

$$E_0(t) = \overline{E}_0\left[1 + \delta_{E_0} \sin\left(\frac{2\pi}{\tau}\frac{t}{12}\right)\right] \tag{5-4b}$$

式中，t 为时间（月）；$P(t)$ 和 $E_0(t)$ 分别为逐月降水量和潜在蒸发量（mm）；$\overline{P}$ 和 $\overline{E}_0$ 分别为多年平均月降水量与潜在蒸发量（mm）；τ 为变化周期，赤道内取值 0.5，赤道外取值 1；δ_P 和 δ_{E_0} 分别为降水和潜在蒸发季节性振幅，无量纲，可通过最小平均误差法率定，δ_P 和 δ_{E_0} 的绝对值越小，表示气候季节性变幅越小，等于 0 时表示无季节性变化。在式（5-4a）和式（5-4b）中，初始时间 $t=0$ 开始于 4 月末[176, 200, 220]。因此，若 δ_P 为正，则表示最大月降水量出现在 7 月末 [图 5-2（a）]；若 δ_P 为负，则表示最大月降水量出现在 1 月末；δ_{E_0} 同理。当 $t=12\tau$，整个季节循环结束。Woods[220]将降水和潜在蒸发的差值化，得到气候季节性指数（SI）：

$$\text{SI} = |\delta_P - \delta_{E_0}\,\text{DI}| \tag{5-5}$$

式中，DI 为干燥指数，$\text{DI} = \dfrac{\overline{E}_0}{\overline{P}}$。

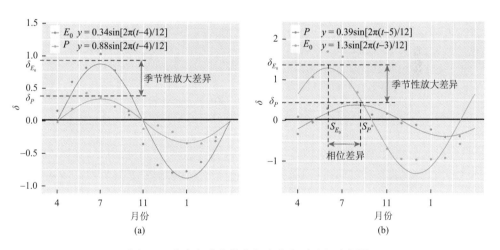

图 5-2　降水和潜在蒸发年内分布不匹配示意图

（a）为降水和潜在蒸发年内分布季节性放大差异，以多瑙河流域为例；（b）为降水和潜在蒸发年内分布季节性放大差异与相位差异，以北德维纳河流域为例

式（5-4a）、式（5-4b）和式（5-5）反映了水分和能量的季节性变化及其季节波动大小，SI 的值越小表示降水和潜在蒸发的季节波动越小。然而，上述三个公式存在以下两个问题：首先，受局部气候和下垫面特征差异影响，降水和潜在蒸

发年内周期变化不一定与太阳直射点周期变化完全一致，即水热年内季节性变化的相位与初始值固定在 4 月末的正弦函数的相位可能不一致；其次，降水和潜在蒸发季节性变化的相位在部分流域同样存在差别，如本章中的北德维纳河流域[图 5-2（b）]。因此，在 δ_P、δ_{E_0} 和 DI 均相等的两个流域，如果降水和潜在蒸发季节性变化存在相位差，流域实际蒸发依然可能存在较大差异。

因此，降水和潜在蒸发的相位变化应该考虑进两者的正弦函数及两者的无量纲差值之中。式（5-4a）和式（5-4b）可改进为

$$P(t) = \overline{P}\left[1 + \delta_P \sin\left(\frac{2\pi}{\tau}\frac{t - S_P}{12}\right)\right] \tag{5-6a}$$

$$E_0(t) = \overline{E}_0\left[1 + \delta_{E_0} \sin\left(\frac{2\pi}{\tau}\frac{t - S_{E_0}}{12}\right)\right] \tag{5-6b}$$

式中，S_P 和 S_{E_0} 分别为降水和潜在蒸发的相位变化。基于全球 26 个大河流域数据集，图 5-3 给出了式（5-4a）、式（5-4b）和式（5-6a）、式（5-6b）模拟的月降水量和月潜在蒸发量年内分布的拟合效果。从图 5-3 可以看出，考虑了相位变换（拟合相位）的式（5-6）对月降水量和月潜在蒸发量的模拟效果明显优于固定相位的式（5-4）。前者模拟降水年内分布的决定系数为 0.89，明显高于后者的 0.64；平均绝对误差为 12.73mm，低于后者的 21.23mm。前者模拟潜在蒸发年内分布的决定系数为 0.95，明显高于后者的 0.54；平均绝对误差为 9.84mm，低于后者的 30.77mm。

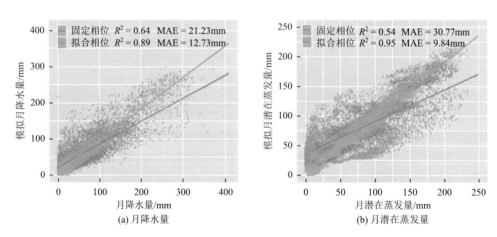

图 5-3　固定相位和拟合相位的正弦函数对月降水量和月潜在蒸发量的模拟效果

因此，反映水热季节性波动的正弦函数中有必要考虑相位变化，尤其是对分布广泛、气候类型多样的全球尺度研究。同时，描述水热年内分布不匹配时，不仅应该考虑降水和潜在蒸发季节波动振幅差异，还应该考虑两者年内周期变化的

相位差异，即非同步性。因此，为尽可能地反映水热年内分布不匹配，基于式（5-6）中 $P(t)$ 和 $E_0(t)$ 的无量纲化差值，本章提出综合考虑降水和潜在蒸发季节性波动差异和相位差异的气候季节性和非同步性指数。

$P(t)$ 和 $E_0(t)$ 的差值无量纲化公式如下：

$$\frac{P(t) - E_0(t)}{\overline{P}} = (1 - \mathrm{DI}) + \left[\delta_P \sin\left(\frac{2\pi}{\tau} \frac{t - S_P}{12}\right) - \mathrm{DI} \sin\left(\frac{2\pi}{\tau} \frac{t - S_{E_0}}{12}\right) \right]$$

$$= (1 - \mathrm{DI}) + (a^2 + b^2)^{1/2} \sin\left(\frac{2\pi}{\tau} \frac{t}{12} - \varphi\right) \tag{5-7}$$

式中，

$$a = \delta_P \cos\delta_P - \mathrm{DI}\delta_{E_0} \cos\frac{2\pi}{\tau}\frac{S_P}{12}$$

$$b = -\delta_P \sin\delta_P + \mathrm{DI}\delta_{E_0} \sin\frac{2\pi}{\tau}\frac{S_{E_0}}{12}$$

$$\varphi = \arctan(a / b)$$

基于上式，本章定义了气候季节性和非同步性指数：

$$\mathrm{SAI} = (a^2 + b^2)^{1/2}$$

$$= \sqrt{\delta_P^2 - 2\delta_P\delta_{E_0}\mathrm{DI}\cos\left(\frac{2\pi}{\tau}\frac{S_P - S_{E_0}}{12}\right) + (\delta_{E_0}\mathrm{DI})^2} \tag{5-8}$$

SAI 定量反映了可供水量（降水）与可利用能量（潜在蒸发）年内分布的不匹配性现象。SAI 越大，表示降水和潜在蒸发年内分布差异越大。此外，SAI 在不同值域范围内有如下意义：①若 $\mathrm{SAI} < 1 - \mathrm{DI}$，则年内各月均属湿润季节，即 $P(t) > E_0(t)$；②若 $\mathrm{SAI} < \mathrm{DI} - 1$，则年内各月均属干燥季节，即 $P(t) < E_0(t)$；③若 $\mathrm{SAI} > |\mathrm{DI} - 1|$，SAI 越大，则在湿润季节中蒸发消耗的降水越少，降水盈余越多。

5.2.4　SAI 及其他因子对径流和蒸发变化贡献率计算

根据引入了有效降水的式（5-2），可得到任意时间尺度径流和蒸发变化的全微分方程：

$$\mathrm{d}R = \frac{\partial R}{\partial P_e}\mathrm{d}P_e + \frac{\partial R}{\partial E_0}\mathrm{d}E_0 + \frac{\partial R}{\partial n}\mathrm{d}n \tag{5-9a}$$

$$\mathrm{d}E = \frac{\partial E}{\partial P_e}\mathrm{d}P_e + \frac{\partial E}{\partial E_0}\mathrm{d}E_0 + \frac{\partial E}{\partial n}\mathrm{d}n \tag{5-9b}$$

式中，P_e、E_0 和 n 对径流或者蒸发变化的相对贡献率可以通过下式计算：

$$\delta_{P_e} = \frac{|I_{P_e}|}{|I_P| + |I_{E_0}| + |I_n|} \tag{5-10a}$$

$$\delta_{E_0} = \frac{|I_{E_0}|}{|I_P| + |I_{E_0}| + |I_n|} \tag{5-10b}$$

$$\delta_n = \frac{|I_n|}{|I_P| + |I_{E_0}| + |I_n|} \tag{5-10c}$$

式中，I_{P_e}、I_{E_0} 和 I_n 分别为 P_e、E_0 和 n 对径流或蒸发变化的影响量，分别可以表达为 $\frac{\partial R}{\partial P_e}\mathrm{d}P_e$、$\frac{\partial R}{\partial E_0}\mathrm{d}E_0$ 和 $\frac{\partial R}{\partial n}\mathrm{d}n$。当得到控制参数 n 变化对径流变化的贡献率后，通过控制参数基于 M 和 SAI 的经验方程，可以进一步评估 M 和 SAI 对径流和蒸发变化的贡献率。参考 Ning 等[176]的研究，控制参数 n 变化的全微分方程可以用下式表示：

$$\mathrm{d}n = \frac{\partial n}{\partial \mathrm{SAI}}\mathrm{d}\mathrm{SAI} + \frac{\partial n}{\partial M}\mathrm{d}M \tag{5-11}$$

类似地，可以计算 SAI 和 M 对控制参数 n 变化的相对贡献率 C_SAI 和 C_M。结合控制参数 n 变化对径流和蒸发变化的贡献率，可以得到 SAI 和 M 对径流和蒸发变化的贡献率：

$$\delta_{\mathrm{SAI}} = C_n \times C\_\mathrm{SAI} \tag{5-12a}$$

$$C_M = C_n \times C\_M \tag{5-12b}$$

5.3　关键水循环要素时空变化分析

图 5-4 给出了全球 26 个主要大河流域气象水文及下垫面要素 1984～2006 年 MMK 趋势。表 5-2 总结了各要素年变化率。

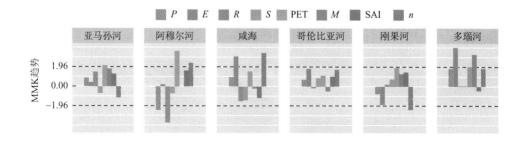

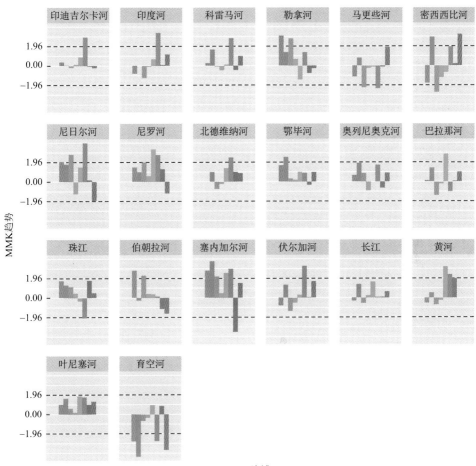

图 5-4　全球 26 个主要大河流域气象水文及下垫面要素 1984～2006 年 MMK 趋势

表 5-2　全球 26 个大河流域气象水文及下垫面要素 1984～2006 年年变化率

序号	流域	P/(mm/a)	E/(mm/a)	R/(mm/a)	TWSC/ (mm/a)	E_0/ (mm/a)	M/ (10^{-3}/a)	SAI/ (10^{-3}/a)	n/(10^{-3}/a)
1	亚马孙河	3.7	0.1	4.9	−0.8	1.1	0.019	0.002	−0.013
2	阿穆尔河	−2.1	0.1	−1.9	−0.5	2.1	0.000	0.018	0.005
3	咸海	0.9	2.8	−0.7	−0.8	2.6	−0.001	−0.004	0.010
4	哥伦比亚河	2.1	1.1	−0.2	1.5	1.3	−0.002	0.011	0.003
5	刚果河	−3.2	−3.7	−0.2	0.3	0.9	0.003	0.003	−0.061
6	多瑙河	4.8	3.6	0.1	0.4	2.3	0.023	−0.002	0.016
7	印迪吉尔卡河	0.5	0.0	0.0	0.3	0.3	0.013	−0.001	−0.001
8	印度河	−1.9	−0.5	−1.3	−0.4	0.4	0.010	0.003	0.003

续表

序号	流域	P/(mm/a)	E/(mm/a)	R/(mm/a)	TWSC/ (mm/a)	E_0/ (mm/a)	M/ (10^{-3}/a)	SAI/ (10^{-3}/a)	n/(10^{-3}/a)
9	科雷马河	0.7	0.7	−0.2	−0.4	0.0	0.013	−0.007	0.003
10	勒拿河	3.2	0.7	2.3	0.3	−0.5	0.005	−0.007	0.000
11	马更些河	−0.8	0.3	−1.4	0.2	−0.3	−0.016	−0.002	0.003
12	密西西比河	−2.4	2.4	−2.7	−1.7	−2.1	0.008	0.001	0.018
13	尼日尔河	2.8	1.4	3.0	−0.9	1.6	0.015	−0.001	−0.003
14	尼罗河	1.3	1.0	1.1	0.1	3.5	0.007	0.010	−0.002
15	北德维纳河	−0.5	0.8	−0.7	−1.1	1.1	0.010	0.004	0.002
16	鄂毕河	1.6	1.4	0.4	0.1	1.5	0.006	−0.003	0.003
17	奥列尼奥克河	1.0	1.2	0.7	−0.7	0.2	0.011	−0.006	0.003
18	巴拉那河	0.5	1.0	−1.1	−0.5	1.9	−0.010	0.000	0.006
19	珠江	5.0	1.1	4.1	0.7	−0.7	−0.009	0.008	0.001
20	伯朝拉河	4.8	−0.2	3.4	0.0	0.6	−0.001	−0.005	−0.004
21	塞内加尔河	3.9	3.3	0.7	0.2	2.0	0.010	−0.016	0.002
22	伏尔加河	−1.2	1.1	−1.0	−1.2	0.8	0.014	0.002	0.006
23	长江	−0.1	0.9	−0.3	0.3	1.2	0.000	0.003	0.001
24	黄河	−0.5	0.6	−0.3	−0.1	2.8	0.008	0.007	−0.001
25	叶尼塞河	0.7	0.8	0.2	−0.2	0.8	0.007	0.011	0.003
26	育空河	−3.9	−2.4	−0.7	−0.2	0.7	−0.016	0.010	−0.010

降水变化在大部分流域表现为增加趋势，其中勒拿河、尼日尔河、伯朝拉河和塞内加尔河流域降水增加趋势达到显著性水平（$p<0.05$）（图5-4），降水年增加率分别为3.2mm/a、2.8mm/a、4.8mm/a和3.9mm/a（表5-2）。相反，阿穆尔河和育空河流域降水量显著减少，减少率分别为−2.1mm/a和−3.9mm/a。

实际蒸发变化除在刚果河、印度河、伯朝拉河和育空河流域呈减少趋势外，在其他流域均表现为增加趋势，其中咸海、多瑙河、密西西比河、鄂毕河和塞内加尔河五大流域实际蒸发分别以2.8mm/a、3.6mm/a、2.4mm/a、1.4mm/a和3.3mm/a的速度显著增加。

径流变化在12个大河流域表现为增加趋势，其中勒拿河、尼日尔河、伯朝拉河和塞内加尔河四大流域径流变化分别以2.3mm/a、3.0mm/a、3.4mm/a和0.7mm/a的增速显著增加。径流变化在另外14个流域为减少趋势，其中径流减少趋势显著的流域包括阿穆尔河、马更些河和密西西比河。

陆地储水变化同样在12个流域呈增加趋势，其余14个流域呈现减少趋势。

陆地储水变化在所有 26 个流域中变化趋势均不显著（$p>0.05$）。26 个流域中，有 18 个流域陆地储水变化的变化趋势与径流变化相同。

潜在蒸发变化在绝大部分流域表现为增加趋势，且其中在亚马孙河、阿穆尔河、多瑙河、尼罗河和巴拉那河等流域增加趋势显著。特别地是，潜在蒸发变化在勒拿河、珠江流域呈减少趋势，然而减少趋势并不显著。

植被覆盖率在 17 个流域表现为增加趋势，其中在 10 个流域增加趋势达到了显著性水平。而在其他 7 个流域表现为减少趋势，其中在马更些河、珠江和育空河三大流域呈显著减少趋势。

气候季节性和非同步性指数除在塞内加尔河表现为显著减少外，在其他流域变化趋势均不显著。

其他因子变化在阿穆尔河、咸海、哥伦比亚河等 18 个流域表现为增加趋势，其中在多瑙河、咸海、密西西比河三大流域增加趋势显著。其他因子变化在其他 8 个流域表现为减少趋势，且其中在刚果河和育空河流域显著减少。

5.4　控制参数 n 半经验方程

5.4.1　SAI 在水热耦合平衡中的表现

图 5-3 已展示 SAI 依据的式（5-6）在模拟降水和潜在蒸发年内分布上明显优于 SI 依据的式（5-4）。这里进一步对比本章提出的 SAI 和已有的 SI 与水热耦合平衡方程控制参数 n 的相关性的差异，并分析 SAI 对气弹性系数的影响。

利用全球 26 个主要大河流域气象水文数据集，利用式（5-2）率定出逐年控制参数 n 的值（即率定 n，又称为最优化 n）。为了扩大样本量，使样本代表控制参数 n 的年际变化，同时又涵盖不同气候区的空间变化，从而使所建立的控制参数 n 与其他要素的关系更具代表性，这里将 26 个流域逐年控制参数 n 的值合并成一个序列，探讨其与其他要素之间的关系（图 5-5 和图 5-6）。

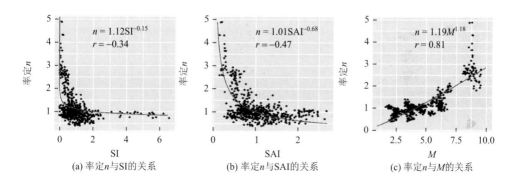

(a) 率定 n 与 SI 的关系　　　(b) 率定 n 与 SAI 的关系　　　(c) 率定 n 与 M 的关系

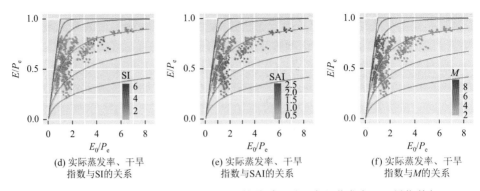

（d）实际蒸发率、干旱　　　　　　（e）实际蒸发率、干旱　　　　　　（f）实际蒸发率、干旱
　　指数与SI的关系　　　　　　　　　指数与SAI的关系　　　　　　　　　指数与M的关系

图 5-5　率定的控制参数 n 与 SI、SAI 和 M 的关系，以及实际蒸发率、干旱指数与 SI、
SAI 和 M 的关系

六条 Budyko 曲线从上到下分别表示式（5-2b）$n=\infty$、$n=5$、$n=2$、$n=1$、$n=0.6$ 和 $n=0.4$ 的情况

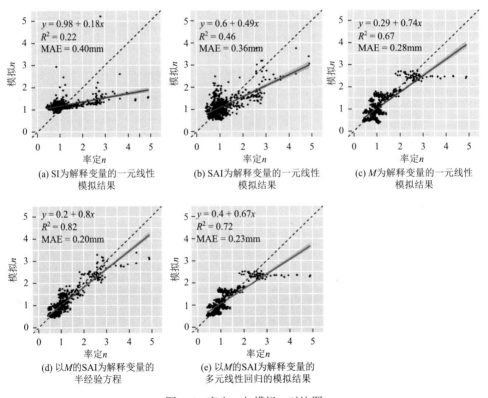

（a）SI为解释变量的一元线性　　　（b）SAI为解释变量的一元线性　　　（c）M为解释变量的一元线性
　　　模拟结果　　　　　　　　　　　模拟结果　　　　　　　　　　　　模拟结果

（d）以M的SAI为解释变量的　　　（e）以M的SAI为解释变量的
　　半经验方程　　　　　　　　　多元线性回归的模拟结果

图 5-6　率定 n 与模拟 n 对比图

（a）～（c）中模拟 n 的值分别为以 SI、SAI 和 M 为解释变量的一元线性模拟结果；（d）、（e）中模拟 n 的值为
以 SAI 和 M 为解释变量分别采用半经验方程和多元线性回归的模拟结果

　　图 5-5（a）为率定 n 与 SI 的关系图，两者的相关系数为 –0.34。若将水热非同步性考虑进 SI，即为 SAI，则 SAI 与率定 n 的相关系数上升到 –0.47 ［图 5-5（b）］。此

外，以 SAI 为预测变量模拟控制参数 n，所得到的模拟效果明显优于以 SI 为预测变量的情况，前者模拟的决定系数为 0.46，大于后者的 0.22 [图 5-6（a）和图 5-6（b）]。综上可以认为，考虑降水和潜在蒸发季节性波动差异和相位差异的 SAI 能更好地量化水热年内分布的不匹配，并且能更好地模拟水热耦合平衡方程控制参数的时空变化。

为了解 SAI 对流域水热平衡的影响，这里进一步分析 SAI 在 Budyko 框架中的角色和对气候弹性的影响 [图 5-5（e）和图 5-7]。如图 5-5（e）所示，在特定的干旱指数下，控制参数 n 越大，流域实际蒸发率越大；而随着 SAI 的增大，控制参数 n 的值倾向于减小。因此，在干旱指数相同的流域，SAI 越大，流域实际蒸发率越大；即热年内分布匹配性越差，年蒸发率越大。Zhang 等[221]研究降雪指数在 Budyko 框架中的作用时发现：降雪率越高，径流系数越高（即蒸发系数越小）。这一关系与本章 SAI 与蒸发的关系相似。而对于不考虑水热非同步性的 SI 指数，这一关系并不明显 [图 5-5（d）]。

图 5-7 给出了气候弹性系数的空间变化及其与 SAI 之间的关系。从图 5-7 可

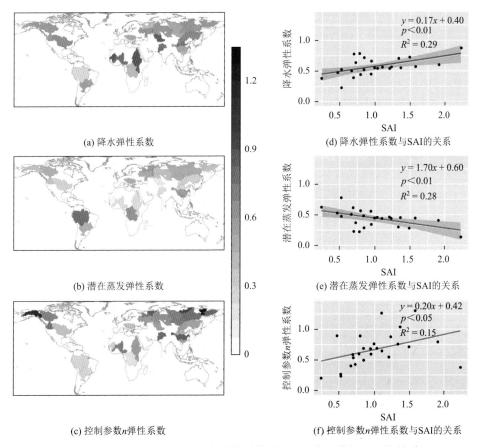

(a) 降水弹性系数

(b) 潜在蒸发弹性系数

(c) 控制参数 n 弹性系数

(d) 降水弹性系数与SAI的关系

(e) 潜在蒸发弹性系数与SAI的关系

(f) 控制参数 n 弹性系数与SAI的关系

图 5-7　全球主要大河流域气候弹性系数的空间变化及其与 SAI 的关系

以看出，气候弹性的空间变化与 SAI 的空间变化显著相关。其中，降水和控制参数 n 对蒸发变化的弹性系数与 SAI 呈显著正相关，决定系数分别为 0.29、0.15；而潜在蒸发对蒸发变化的弹性系数与 SAI 呈显著负相关，决定系数为 0.28。这表明，水热年内分布匹配性越差的流域，蒸发变化对降水和控制参数 n 的变化越敏感，而对潜在蒸发的变化越不敏感。

5.4.2　半经验方程建立

已有研究表明，不同区域植被覆盖的空间差异与控制参数 n 的空间变化紧密相关。例如，Li 等[202]以全球大河流域为研究对象，指出植被覆盖率与多年尺度控制参数 n 的空间变化呈显著正相关。然而，本章发现植被覆盖的动态变化同样显著地影响年际尺度参数 n 的时间变化［图 5-5（c）和图 5-6（c）］，并且能进一步影响蒸发率的时空变化［图 5-5（f）］。

如图 5-6（c）所示，植被动态能够解释年际尺度参数 n 时空变化的 67%，解释方程：$y = 0.29 + 0.74x$，平均绝对误差为 0.28mm，模拟效果良好。然而，从该图还可以看出，以 M 为解释变量的解释方程在控制参数 n 的高值区域模拟效果较差。5.4.1 节研究发现，气候年内变异（SAI 变化）对控制参数 n 的时空变化同样有显著的影响。因此，可以综合 SAI 和 M，发展模拟控制参数 n 的动态模型，以期模拟控制参数 n 的时空变化，并提高模拟精度。

为了构建控制参数 n 的半经验方程，这里给出了 n 与 SAI 在极端条件下的边界条件及与 M 的关系：①当降水和潜在蒸发年内分布匹配性极差，即 SAI $\rightarrow +\infty$ 时，$R \rightarrow P$、$E \rightarrow 0$，再根据式（5-1），得到 $n \rightarrow 0$；②根据以往研究[199, 202]，当 $M\uparrow$ 时，$E\uparrow$，进而 $n\uparrow$。这一关系同样可以在图 5-5（c）和图 5-5（f）中反映。

根据上述限制条件，基于 M 和 SAI 的控制参数 n 的半经验方程的一般表达式为

$$n = a\mathrm{SAI}^b M^c \tag{5-13}$$

式中，a 和 b 为正数；c 为负数。利用非线性最小二乘法对式（5-13）进行率定，得到全球大河流域水热耦合控制参数 n 时空变化的半经验方程为

$$n = 0.27\mathrm{SAI}^{-0.30}M^{0.90} \tag{5-14}$$

图 5-6（d）显示，上述半经验方程的决定系数达到了 0.82，平均绝对误差为 0.20mm。

除半经验方程外，多元线性回归方程也常用于模拟控制参数 n。例如，采用

NDVI，纬度和地形指数为解释变量，Xu 等[204]采用多元线性回归模拟多年尺度控制参数 n 空间变化。因此，这里再次以多元线性回归来模拟控制参数 n，并与式（5-14）半经验方程的模拟效果进行对比。如图 5-6（e）所示，采用多元线性回归模拟的控制参数 n 的决定系数为 0.72，明显小于半经验方程的 0.82；平均绝对误差为 0.23mm，大于半经验方程的 0.20mm。可以看出半经验方程模拟效果优于多元线性方程。因此，半经验方程是模拟控制参数 n 的更好选择，不仅表现在物理意义上，而且在模拟效果上更佳。

5.4.3 方程验证

采用交叉验证方法对基于模拟的控制参数 n 估算的流域年际径流和实际蒸发的精度进行评估。交叉验证循环 26 次，每次循环中将 25 个流域分为一组，用来构建控制参数 n 的半经验方程；另一组则用剩下的一个流域的数据构成，用于方程验证。利用上一组数据构建的半经验方程计算验证流域的模拟 n。基于模拟 n 的值，计算出对应流域模拟的径流深和实际蒸发，并与观测的径流深和实际蒸发进行对比（图 5-8）。

从图 5-8 可以看出，年际尺度模拟的实际蒸发和径流深与观测值基本一致，决定系数 R^2 均大于等于 0.96，平均绝对误差均小于 35mm。表明，基于 SAI 与 M 构建的半经验方程能较好地解释控制参数 n 的时空变化，基于此估算的全球大河流域实际蒸发和径流深的变化结果较为可靠。

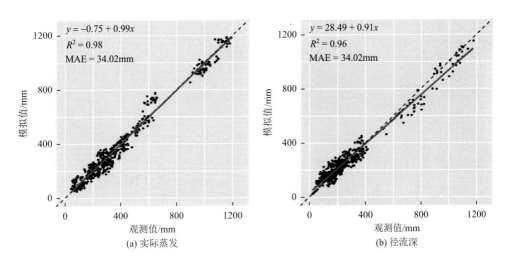

图 5-8 模拟和观测的实际蒸发和径流深对比

5.5　径流和实际蒸发变化及其归因分析

5.5.1　径流变化及归因分析

　　表 5-3 总结了全球 26 个主要大河流域径流变化突变点及突变前后各因子变化率。各流域径流突变时间较为集中，均处在 1988～2000 年。其中，有 21 个流域径流突变时间位于 20 世纪 90 年代；另外，多瑙河和奥列尼奥克河突变时间为 1988 年，马更些河为 1989 年，北德维纳河和长江为 2000 年。

表 5-3　全球 26 个主要大河流域径流突变点及突变前后各因子变化率（单位：%）

序号	流域	R 突变点	突变后相对于突变前变化率				
			R	P	E_0	M	SAI
1	亚马孙河	1998 年	8.5	3.3	1.1	3.4	0.3
2	阿穆尔河	1998 年	−16.4	−6.5	3.0	−1.3	24.9
3	咸海	1994 年	−14.8	−2.3	3.8	−0.8	−6.1
4	哥伦比亚河	1999 年	−10.7	−6.1	4.2	−1.7	15.7
5	刚果河	1997 年	4.1	1.4	0.7	1.0	3.5
6	多瑙河	1988 年	−12.5	2.5	5.5	6.4	1.4
7	印迪吉尔卡河	1990 年	−7.0	−3.4	2.4	5.5	5.1
8	印度河	1998 年	−16.7	−12.2	1.7	3.4	24.6
9	科雷马河	1990 年	−9.6	−4.4	0.9	4.2	16.9
10	勒拿河	1995 年	14.3	11.3	−1.3	1.1	−3.8
11	马更些河	1989 年	−13.3	−6.6	2.3	−2.7	13.1
12	密西西比河	1998 年	−20.1	−4.9	0.0	1.3	8.7
13	尼日尔河	1990 年	27.9	11.4	0.6	6.5	−4.1
14	尼罗河	1995 年	14.7	6.5	1.9	3.1	12.5
15	北德维纳河	2000 年	−7.1	−1.7	2.2	1.3	8.5
16	鄂毕河	1998 年	7.5	6.1	1.8	−0.8	−7.0
17	奥列尼奥克河	1988 年	13.9	14.7	−1.9	6.2	−20.5
18	巴拉那河	1998 年	−6.6	−0.9	1.6	−1.1	2.9
19	珠江	1991 年	16.3	11.1	−0.7	−1.6	19.0
20	伯朝拉河	1990 年	20.4	15.0	0.7	2.7	−12.4
21	塞内加尔河	1993 年	28.3	20.3	0.9	7.6	−9.3
22	伏尔加河	1994 年	−8.9	−3.0	2.3	3.8	1.6

续表

序号	流域	R 突变点	突变后相对于突变前变化率				
			R	P	E_0	M	SAI
23	长江	2000 年	−4.5	−1.0	3.0	−0.3	−3.2
24	黄河	1990 年	−10.1	−0.7	2.9	2.6	24.2
25	叶尼塞河	1996 年	2.1	2.4	1.1	1.6	12.1
26	育空河	1994 年	−8.0	−17.5	2.2	−3.4	8.9

突变前后，各大流域径流发生不同程度的变化。大部分流域径流突变后相对于突变前减小，尤其在多瑙河、印度河、马更些河、密西西比河和黄河等流域，径流在突变后减少超过 10%；另外，还有 11 个大河流域径流突变后表现为增加，如尼日尔河、伯朝拉河和塞内加尔河等流域，径流在突变后增加幅度超过 20%。

除多瑙河外，突变后径流变化方向均与降水变化方向一致。因此，可以初步认为径流变化方向主要受降水变化的影响。尽管如此，径流变化幅度普遍大于降水变化幅度，说明其他要素也加剧了径流的变化。

突变后，潜在蒸发变化除在勒拿河、奥列尼奥克河和珠江流域减小外，在其他流域均表现为增加，说明潜在蒸发的变化对绝大部分流域具有减少径流的作用。

植被覆盖率变化在大部分流域表现为增加，如在尼日尔河和多瑙河等流域植被覆盖率增加 3% 以上。按照 5.4 节总结的规律：径流变化与植被覆盖率成反比。因此，植被动态在这些流域主要表现为减小径流的作用。相反，植被覆盖率在阿穆尔河、咸海、哥伦比亚河等 9 个流域表现为减少，说明植被动态有助于增加这些流域的突变后径流。

SAI 在大多数流域表现为增加，如阿穆尔河、印度河和黄河等流域增加幅度大于 20%。SAI 增大，表明降水与潜在蒸发年内匹配性减小，实际蒸发减小，径流增加。说明 SAI 增大在这些流域有助于径流的增加。

为进一步评估气候季节性和非同步性对水热平衡的影响，这里量化了 SAI、P_e、E_0 和 M 对径流变化的影响（图 5-9 和表 5-3）。如图 5-9 所示，P_e 变化控制着绝大部分流域的径流变化，26 个流域中有 18 个流域径流变化以 P_e 变化为主导因素，其中印度河、勒拿河、鄂毕河、奥列尼奥克河、珠江和塞内加尔河 6 个流域有效降水相对贡献率在 80% 以上。P_e 变化对不同流域径流变化的相对贡献率在 10.9%～96.4%，相对贡献率的中位数为 61%［图 5-9（b）］。

除 P_e 变化影响外，SAI 变化是影响径流变化的另一重要影响因子，其对不同流域径流变化影响的中位数为 15%。径流变化以 SAI 变化为主导因子的流域共有 6 个［图 5-9（c）］，包括长江流域、黄河流域、咸海流域、北德维纳河流域、刚果河流域和密西西比河流域［图 5-9（a）］，相对贡献率在 34.9%～56.1%。

图 5-9　径流变化相对贡献率空间分布图

（a）为 P_e、SAI、M 和 E_0 变化对径流突变后变化贡献率空间分布；（b）为各因子相对贡献率箱线图；
（c）为各因子主导（相对贡献率最大）流域径流变化的数量

植被覆盖率对各流域径流变化的相对贡献率在 0.3%～59.4%，相对贡献率中位数为 16.2%。径流变化以植被覆盖率为主导因子的流域共有 1 个，为南美温带草原气候区的巴拉那河流域。

潜在蒸发变化对径流变化的影响有限，相对贡献率在不同流域的中位数为 8%；然而潜在蒸发变化主导了温带海洋气候区的多瑙河流域径流变化。

5.5.2　实际蒸发变化及归因分析

表 5-4 总结了全球 26 个主要大河流域实际蒸发变化突变点及突变后各因子变化率。26 个主要大河流域实际蒸发突变时间多发生 20 世纪 80 年代末、90 年代初，其中阿穆尔河、哥伦比亚河、印度河、鄂毕河、黄河和叶尼塞河等 11 个大河流域实际蒸发突变时间均为 1988 年（表 5-4）。

突变前后，各大流域实际蒸发发生不同程度的变化。除亚马孙河、刚果河、印迪吉尔卡河、伯朝拉河和育空河突变后实际蒸发较突变前减小外，其他 21 个大河流域均表现为增加，尤其是咸海、印度河和塞内加尔河等流域实际蒸发增幅大于 20%。

表 5-4　全球 26 个主要大河流域实际蒸发突变点及突变后各因子变化率（单位：%）

序号	流域	突变点	突变后相对于突变前变化率				
			E	P	E_0	M	SAI
1	亚马孙河	2000 年	−2.4	3.6	1.1	2.2	3.1
2	阿穆尔河	1988 年	6.9	−1.7	2.3	2.2	−18.0

续表

序号	流域	突变点	突变后相对于突变前变化率				
			E	P	E_0	M	SAI
3	咸海	1989 年	25.3	4.5	2.1	2.1	−25.4
4	哥伦比亚河	1988 年	5.9	8.0	1.4	−0.4	0.2
5	刚果河	1989 年	−9.5	−7.4	0.1	−0.1	21.0
6	多瑙河	1989 年	16.4	2.6	5.2	5.9	−2.4
7	印迪吉尔卡河	2001 年	−6.2	0.7	0.3	4.3	−6.9
8	印度河	1988 年	27.4	14.7	0.1	8.6	−14.1
9	科雷马河	1999 年	7.9	7.2	−0.8	6.5	−14.0
10	勒拿河	1993 年	3.9	11.7	−1.6	1.2	−9.5
11	马更些河	1988 年	6.5	−2.8	1.4	−2.2	−3.8
12	密西西比河	1993 年	6.2	−0.3	−4.6	1.3	−10.0
13	尼日尔河	1988 年	9.8	16.3	0.1	8.6	−6.4
14	尼罗河	1989 年	7.6	9.8	0.5	2.5	1.6
15	北德维纳河	1999 年	5.6	−3.2	2.5	1.2	15.5
16	鄂毕河	1988 年	12.7	1.6	8.0	4.4	27.9
17	奥列尼奥克河	1994 年	13.2	6.5	−0.5	4.3	−11.3
18	巴拉那河	1988 年	2.9	3.6	2.0	−1.0	−0.1
19	珠江	1991 年	2.9	11.1	−0.7	−1.6	19.0
20	伯朝拉河	1993 年	−3.7	8.8	0.3	1.4	−15.7
21	塞内加尔河	1988 年	21.6	27.7	0.6	9.6	−13.3
22	伏尔加河	1988 年	8.8	1.3	2.8	5.5	4.6
23	长江	2000 年	5.9	−1.0	3.0	−0.3	−3.2
24	黄河	1988 年	3.8	3.3	1.7	2.3	16.5
25	叶尼塞河	1988 年	6.8	7.5	1.6	3.7	15.9
26	育空河	1990 年	−34.9	−14.1	4.6	−3.5	23.2

突变后，降水变化在大部分流域同样表现为增加，然而在阿穆尔河、刚果河、马更些河、密西西比河、北德维纳河、长江和育空河 7 个流域，降水变化在突变后表现为减少，减小幅度在 0.3%～14.1%。

潜在蒸发变化除了在科雷马河、勒拿河、密西西比河、奥列尼奥克河和珠江5 大流域突变后减少外，在其他流域均表现为增加，说明潜在蒸发变化对绝大部分流域具有减少实际蒸发的作用。

植被覆盖率在大部分流域表现为增加，如在多瑙河、印度河、科雷马河等流域植被覆盖率增加 5%以上。由于实际蒸发变化与植被覆盖率成正比，因此，植被动态在这些流域表现为增加实际蒸发的作用。相反，植被覆盖率在哥伦比亚河、刚果河、马更些河和育空河等 7 个流域中表现为减少，说明植被动态有助于减少这些流域的突变后实际蒸发。

SAI 在多数流域表现为减小，如阿穆尔河、咸海、伯朝拉河等流域减少幅度大于 15%。SAI 减小，表明降水与潜在蒸发年内匹配性增强，实际蒸发增加，说明 SAI 减小在这些流域有助于径流的减小。

图 5-10 为各因子变化对实际蒸发变化相对贡献率空间图。对比图 5-9 可以看出，实际蒸发变化的主导因子与径流变化的主导因子存在较大差别。

图 5-10　实际蒸发变化贡献率空间分布图

（a）为 P_e、SAI、M 和 E_0 变化对实际蒸发突变后变化相对贡献率空间分布；（b）为各因子相对贡献率箱线图；
（c）各因子主导（相对贡献率最大）流域实际蒸发变化的数量

P_e 变化主导实际蒸发变化的流域数量较主导的径流变化的流域数量明显减少，由后者的 18 个流域减少为前者的 12 个流域；此外，P_e 变化对实际蒸发变化的贡献率也减小，对不同流域实际蒸发变化相对贡献率的中位数减小至 28.1%。SAI 变化主导实际蒸发变化的流域数量明显增多，包括刚果河、密西西比河、伯朝拉河等 8 个流域。M 变化主导实际蒸发变化的流域数量明显增多，包括印迪吉尔卡河、马更些河和伏尔加河等 5 个流域。

总地来说，大多数流域径流和实际蒸发变化均以 P_e 变化为主导因子。东亚季风气候区两大流域——黄河流域、长江流域的径流和实际蒸发变化均以 SAI 变化为主导。而南美温带草原气候区的巴拉那河流域的径流和实际蒸发变化均以 M 变化为主导因子。E_0 变化对径流和实际蒸发变化的贡献率均较小。

5.6　讨　　论

以往研究已证实植被覆盖和气候季节性的空间差异是水热平衡变异的重要影响因素[9, 22, 176, 202, 203, 211]。例如，Li 等[202]发现，多年平均植被覆盖与 Budyko 水热耦合平衡方程的控制参数 n 的空间分布显著相关。控制参数 n 的时间变化同样与植被动态密切相关[176, 178]，然而，Zhang 等[178]指出，这种影响有待在更大的空间范围内分析验证。本章研究结果表明，植被动态在全球尺度上显著影响着控制参数 n 的时空变化。

Ning 等[176]调查了黄土高原地区 13 个子流域水热平衡变异，发现 SI 与控制参数 n 的变化密切相关。而在本章针对的全球 26 个大河流域的研究中，SI 与控制参数 n 的变化的相关性差于 Ning 等[176]的研究结果。这是由于 SI 主要代表降水和潜在蒸发季节性波动的振幅差异，并不包含年内周期变化的相位差异（即非同步性）。Ning 等[176]的研究区域集中在温带季风气候区，该区气候主要特点为雨热同期，因此降水和潜在蒸发的年内变化周期几乎不存在相位差异。所以尽管气候季节性指数并不包含雨热的相位差异，但仍然能较好地表达季风气候区水热年内分布差异，并能有效模拟控制参数 n 的变化。

本章所选择的全球 26 个主要大河流域空间分布广泛，且所属气候类型多样，部分流域降水和潜在蒸发的年内周期变化存在相位差异。例如北德维纳河流域，两者年内周期变化存在两个月的相位差 [图 5-2（b）]。Hickel 和 Zhang[222]研究表明，降水和潜在蒸发的季节性波动的振幅差异在两者周期变化存在相位差异的流域，并不能充分代表流域水热不匹配。在这种情况下，本书提出了综合考虑水热季节性差异和相位差异的 SAI，并运用于全球不同气候区流域水热平衡的研究。本章结果表明，SAI 与控制参数 n 的时空变化显著相关，并对实际蒸发率的年际变化及气候弹性空间分布具有显著影响。SAI 还可以应用于其他水热耦合平衡的相关研究。

Li 等[202]研究指出，气候变化、植被动态与水热平衡三者之间交互作用，而这种交互作用在小流域更为复杂。大量针对中小流域的研究表明，控制参数 n 的空间变化还受到众多因素的影响，例如，流域面积、纬度、地形和土壤类型等。然而，本书并未考虑上述因素，主要原因为：①本章研究的是 26 个大河流域控制参数的年际变化，而上述因素在年尺度上变化很小或者不发生变化；②本章研究的 26 个大河流域面积较大，Li 等[202]研究发现，上述因素对大流域控制参数 n 的空间变化影响较小。本章研究结果表明，SAI 和 M 变化的年际变化控制着大河流域控制参数 n 的时空变化。尽管如此，在中小流域控制参数 n 的研究中，仍然有必要考虑地形、土壤等因子的影响。

　　SAI 对径流和实际蒸发变化具有显著的影响。特别地是，该指数主导着东亚季风气候区两大流域——长江流域和黄河流域径流和实际蒸发变化。季风系统的变化对季风气候区的气候季节性模式影响显著[223]，进而对流域水热平衡变异产生较大影响，从而影响流域径流和实际蒸发变化。Zeng 和 Cai[9]以降水和潜在蒸发的协方差表示水热的年内不匹配性，并评估其对实际蒸发的影响，研究表明气候季节性是蒸发变化的重要因素之一，并主导长江流域实际蒸发的变化。这一发现与本章研究结果一致。为评估生态修复（即植被动态）对黄土高原径流变化的影响，Liang 等[50]将控制参数变化对径流变化的影响假设为生态修复的影响。然而，本章研究发现，除植被动态外，SAI 也是影响控制参数变化的重要因素，尤其是在东亚季风气候区。

　　尽管基于 SAI 和 M 的半经验方程能较好地解释控制参数 n 的变化，然而控制参数 n 的变化还受其他因素的影响，如人类活动。本书第 2 章研究结果表明，控制参数 n 变化对径流变化的影响与耕地面积显著相关[14]。而本章将控制参数 n 变化对径流和实际蒸发的影响简单的分解为 SAI 和 M 的影响。因此，本章评估的 SAI 和 M 对径流和实际蒸发影响的结果存在一定的不确定性。人类活动对流域径流和实际蒸发的影响有待进一步研究。

5.7　本　章　小　结

　　本章建立了 Budyko 水热耦合平衡方程控制参数 n 的时空变化半经验方程，并评估了气候变化和植被动态对水热平衡的影响。

　　为反映水热年内分配不匹配性，基于已有的气候季节性指数 SI，本章提出气候季节性和非同步性指数 SAI。结果表明 SAI 变化对流域蒸发率和气候弹性系数影响明显。一般而言，在气候和下垫面条件相似的流域，SAI 越大，实际蒸发率通常越大；此外，SAI 越大，流域实际蒸发变化对降水和其他因子（控制参数 n）变化越敏感。另外，控制参数 n 的时空变化与 SAI 变化显著相关，且相关性明显大于 SI。因此，在水热耦合平衡研究中应充分考虑水热年内分布的差异。另外，本书对于确定植被动态对全球尺度控制参数 n 的年际变化具有重要影响。基于 SAI 和 M 与控制参数 n 的数理关系，本章建立了全球尺度的控制参数 n 时空变化半经验方程，通过验证分析，发现模拟的控制参数 n 在年实际蒸发和径流模拟中表现良好，说明该方程合理可靠。

　　基于建立的半经验方程，本章评估了气候变化（P_e、E_0、SAI）和植被覆盖率（M）对全球 26 个主要大河流域实际蒸发和径流变化的影响。研究发现，P_e 变化是大部分流域径流和实际蒸发变化的主导因子，SAI 变化是东亚季风气候区两大流域径流和实际蒸发变化的主导因素，M 是南美温带草原带的巴拉那河流域径流和实际蒸发变化的主导因素。总体而言，SAI、M 和 E_0 对实际蒸发变化的相对贡献率明显大于其对径流变化的相对贡献率；相反，P_e 变化对径流变化的相对贡献率明显大于对实际蒸发变化的相对贡献率。

本章系统评估了气候和植被覆盖率对水热耦合平衡的影响，突出了气候季节性和非同步性与植被动态水文效应，揭示了气候植被因素对径流和实际蒸发变化影响的差异。本章对水热平衡模拟和水文预测研究发展具有重要的理论意义，研究结果可以为全球流域水资源规划管理提供重要参考。

第6章　全球不同时间尺度径流变化归因分析

6.1　概　　述

近年来，径流变化归因分析已成为水文学领域的重要研究热点，探讨径流变化的主要驱动因子对全球水资源管理与预测具有重要的意义[224]。区域与全球水循环与水热平衡主要由气候条件主导，即可供水量（有效降水）和可利用能量（潜在蒸发），但同时也受人类活动和下垫面变化等其他因子的影响[8, 22, 224]。Budyko 框架完美耦合了水循环和地表能量平衡，该框架不仅包含了区域气候条件，同时其控制参数 n 的变化还能体现人类活动和下垫面变化等其他因子的影响[14, 22, 202]。

Budyko 框架适用的时间尺度一般为远大于 1 年的多年平均尺度[206, 211, 225]，尽管如此，仍有不少学者尝试将该框架扩展到年际或年内水量平衡研究[211, 226-230]。已有研究表明，在非稳态情况下，流域水量供给不仅受降水补给影响，还受陆地储水变化影响[22, 24, 211, 217, 231-234]。并且，随着时间尺度减小，陆地储水变化对水量平衡影响增大，使得 Budyko 水热耦合平衡方程的模拟精度降低[227]。因此，在 Budyko 框架中，通常采用有效降水（即降水与陆地储水变化的差值）来替代的降水，从而满足年际或年内水量平衡的要求[9, 211, 217, 235]。

径流变化是气候变化人类活动和下垫面变化等因素共同影响的结果，年内与年际尺度径流变化还受陆地储水变化显著影响。因此，定量评估年际、年内尺度上径流变化的影响因素具有一定的难度。Zeng 和 Cai[235]提出一种基于 Budyko 框架的实际蒸发变化方差分解方法，用于评估气候变化和陆地储水变化对实际蒸发变化的影响。随后，Zeng 和 Cai[9]运用该方法研究全球 32 个大河流域实际蒸发变化成因。Zhang 等[22]采用该方法调查了不同气候条件下我国实际蒸发和径流年内变化影响因素；Wu 等[8]评估气候变化和陆地储水变化对栅格空间尺度的我国实际蒸发变化的影响。针对径流或蒸发年内和年际变化归因分析的已有研究，充分考虑了气候变化（降水和潜在蒸发）和陆地储水变化的影响，然而均忽略了以人类活动和下垫面变化为代表的其他因子（Budyko 框架中表现为控制参数 n 变化[224]）的影响。

已有多年尺度径流变化归因研究表明，人类活动和下垫面变化等其他因子在径流变化中扮演着重要角色[14, 176, 202, 236, 237]。综合近年的研究结果，Budyko 框架

控制参数 n 变化的水文效应所代表的"其他因子"主要包含 3 种因子：①气候变异，如气候季节性[5, 176]、降雪比例[212, 221]、风暴度[200]、CO_2 施肥效应（如温室效应）[238]；②下垫面变化，如植被动态[176, 178]、土地利用变化[14, 239]；③人类活动，如用水效率变化[21]、灌溉[236]、修建水库[14, 224, 236]。因此，可以通过考虑其他因子的影响，改进 Zeng 和 Cai[235]提出的实际蒸发年际、年内方差变化归因分析方法，全面评估精细尺度径流变化成因。

除此之外，已有年内和年际尺度径流或蒸发变化归因分析针对的是特定区域或流域[8, 9, 22, 235]，缺乏全球尺度的研究。全球的气候类型和流域特征存在明显的空间差异[5]，导致不同区域的径流变化成因存在较大差别。径流是地表水资源的主要组成，径流变化对社会经济发展具有重要的影响。因此，有必要从全球尺度系统分析气候变化、陆地储水变化及其他因子对不同时间尺度径流变化的影响。

根据第 1 章对相关研究现状与不足的总结分析，目前关于不同时间尺度径流变化归因分析尚少，且以往针对径流年内和年际变化归因研究中忽略了人类活动和下垫面变化等其他因子的影响。此外，目前尚无全球不同时间尺度径流变化归因分析。

基于此，本章的研究目标如下：①提出综合考虑气候变化（降水和潜在蒸发变化）、陆地储水变化和其他因子影响的任意时间尺度径流变化归因方法；②定量分析不同时间尺度全球径流变化成因。

6.2　数据和方法

6.2.1　研究数据

本章收集了全球最新的气象水文栅格数据集，该数据集包括降水（P）、径流（R）和陆地储水变化（TWSC）等要素，各要素均为 1984～2010 年的月尺度数据[240]。该数据集是美国国家航空航天局（National Aeronautics and Space Administration，NASA）地球系统数据记录项目的重要成果，综合了站点实测、遥感反演、陆面模式和全球再分析产品等多源数据，并通过卡尔曼滤波数据同化技术处理所得。数据覆盖了除南极洲和格陵兰岛以外的全球所有陆地，空间精度为 $0.5° × 0.5°$。关于该数据集的详细介绍，可以参考 Zhang 等[240]的研究。全球潜在蒸发数据的来源在 5.2.1 节已有介绍，这里不再赘述。

值得注意的是，受同化技术的影响，该数据集有少量数据存在不合理现象：①少量栅格在部分月份存在降水和实际蒸发数值小于 0（占比小于 1.0%）；②少量栅格有部分月份的潜在蒸发小于其实际蒸发（占比约为 3.8%）。本章对不合理数值进行了简单处理。对于现象①，以 0 替换所有小于 0 的数值；对于现象②，将这些网格中相应月份的数值以缺失值代替，并在影响量及贡献率评估中，忽略这些缺失值。

　　全球多年平均降水、径流、陆地储水变化和潜在蒸发空间分布图与频率直方图见图 6-1。

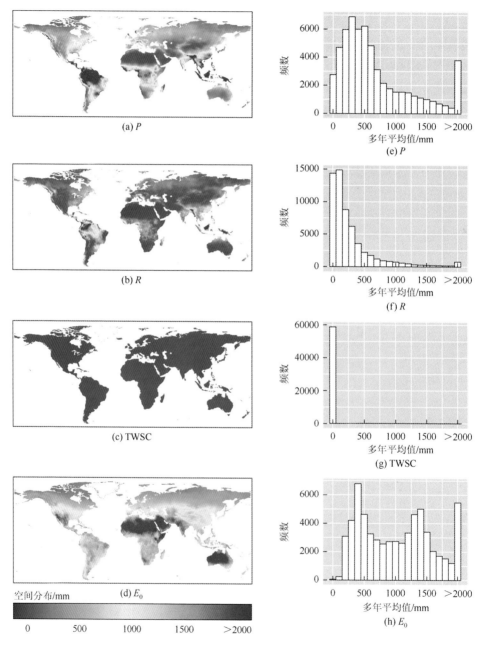

图 6-1　全球多年平均降水、径流、陆地储水变化和潜在蒸发空间分布图与频率直方图

6.2.2　年内、年际尺度径流变化归因方法

Budyko 框架是基于长时间尺度水量平衡的非参数模型。为考虑其他因子对水量平衡的影响,很多学者推导了包含一个控制参数 w 但类型不同的 Budyko 方程[211]。其中,Choudhury-Yang 公式[64]和傅抱璞公式[241]为常见的 Budyko 方程形式。傅抱璞公式如下:

$$\frac{E}{P} = F(\phi, w) = 1 + \phi - (1 + \phi^w)^{1/w} \tag{6-1}$$

式中,ϕ 为干旱指数,$\phi = \dfrac{E_0}{P}$。

对于多年平均时间尺度水量平衡,陆地储水变化相对于降水变化量级较小。因此,在长时间尺度的 Budyko 水热耦合平衡方程中,通常不考虑陆地储水变化的影响[211]。然而,陆地储水在不同年份和不同月份变化幅度较大,因而在年际、年内尺度的水热耦合平衡中,应该充分考虑陆地储水变化对有效水量供给的影响。引入有效降水($P' = P - \text{TWSC}$)的概念,任意时间尺度的傅抱璞公式可以表达为[235]

$$\frac{E_i}{P_i'} = F(\phi_i', w_i) = F\left(\frac{E_{0i}}{P_i'}, w_i\right) = 1 + \frac{E_{0i}}{P_i'} - \left[1 + \left(\frac{E_{0i}}{P_i'}\right)^{w_i}\right]^{1/w_i} \tag{6-2}$$

不考虑以控制参数 w 为代表的其他因子对水循环的影响,Zeng 和 Cai[235]将式(6-2)表达为

$$F(\phi_i') = F(\bar{\phi}) + F'(\bar{\phi})(\phi_i' - \bar{\phi}) + o[(\phi_i' - \bar{\phi})^2] \approx F(\bar{\phi}) + F'(\bar{\phi})\phi_i' \tag{6-3}$$

基于此,Zeng 和 Cai[235]提出了实际蒸发变化(定义为其方差)分解方程:

$$\sigma_E^2 = w_P^2 \sigma_P^2 + w_{E_0}^2 \sigma_{E_0}^2 + w_{\text{TWSC}}^2 \sigma_{\text{TWSC}}^2 + w_{P,E_0} \text{cov}(P, E_0)$$
$$+ w_{P,\text{TWSC}} \text{cov}(P, \text{TWSC}) + w_{E_0,\text{TWSC}} \text{cov}(E_0, \text{TWSC}) \tag{6-4}$$

式中,

$$w_P = w_{\text{TWSC}} = [F(\bar{\phi}) - F'(\bar{\phi})\bar{\phi}]^2 \tag{6-5a}$$

$$w_{E_0} = [F(\bar{\phi})]^2 \tag{6-5b}$$

$$w_{P,E_0} = -w_{E_0,\text{TWSC}} = 2[F(\bar{\phi}) - F'(\bar{\phi})\bar{\phi}]F'(\bar{\phi}) \tag{6-5c}$$

$$w_{P,\text{TWSC}} = -2[F(\bar{\phi}) - F'(\bar{\phi})\bar{\phi}] \tag{6-5d}$$

6.2.3　任意时间尺度径流变化归因方法提出

上述方法从气候变化、陆地储水变化角度对实际蒸发变化进行了归因分解，实现了短时间尺度（年内、年际尺度）实际蒸发归因分析。该方法对气象水文归因分析研究具有重要意义。近几年来，该方法被多次运用于不同区域实际蒸发和径流变化归因分析[8, 9, 22, 242]。

然而，值得指出的是，该方法在运用中存在以下几个问题。

（1）式（6-3）将实际蒸发变化对 E_0 和 P 的偏导合并成对 E_0/P[即 $F(\phi_i')$]的导数，这种方式可能导致后续归因分析中不能充分体现降水的影响[224]。这是由于式（6-2）中，自变量因子 ϕ_i' 和因变量 $F(\phi_i', w_i)$ 均是 P 的函数。

（2）该方法并未考虑以控制参数为代表的其他因子对实际蒸发的影响，因而在归因分析中无法量化人类活动和下垫面变化等其他因子的影响。

（3）该方法评估的各因子的贡献率针对的是实际蒸发变化的方差，而非其实际变化量。换言之，即所计算的贡献率是各因子变化对实际蒸发变化幅度（标准差）平方的贡献率。这种方式将导致归因分解中会出现某一项因素贡献率平方或者两影响因素的贡献率相互重叠的情况，如 σ^2_{TWSC}、$\text{cov}(P, \text{TWSC})$ 等。该归因方法中，$\text{cov}(P, E_0)$ 能反映水热年内分布不匹配性的水文效应，然而，$\text{cov}(P, \text{TWSC})$ 和 $\text{cov}(E_0, \text{TWSC})$ 并无实际意义。

因此，本章拟从径流变化全微分分解的形式出发，充分考虑其他因子对径流变化的影响，推导基于降水、潜在蒸发、陆地储水变化和其他因子影响的任意时间尺度径流变化归因方法。由于径流变化对社会经济发展具有重要的影响[224, 243]，并且目前对不同时间尺度径流变化归因研究尚少，且没有全球尺度年际、年内尺度径流变化归因分析，因此，本章关注的是径流变化成因分析。

为便于得到径流变化的全微分方程，这里采用第2～第5章选用的 Choudhury-Yang 公式[64]，即

$$R = P - \frac{PE_0}{(P^n + E_0^n)^{1/n}} \tag{6-6}$$

考虑陆地储水变化对短时间尺度（如年、月）的影响，参考 Chen 等[211]、Zeng 和 Cai[235]的研究，这里把陆地储水变化加入式（6-6），得到任意时间尺度的水热耦合平衡方程：

$$R_i = (P_i - \text{TWSC}_i) - \frac{(P_i - \text{TWSC}_i)E_{0i}}{[(P_i - \text{TWSC}_i)^{n_i} + E_{0i}^{n_i}]^{1/n_i}} \tag{6-7}$$

式中，i 为时间。例如，当 i 为月时，则式（6-7）为年内尺度水热耦合平衡方程；当 i 为年时，则式（6-7）为年际尺度水热耦合平衡方程；当 i 为多年时，则式（6-7）为多年尺度水热耦合平衡方程。进而，得到任意时间尺度径流变化的全微分方程：

$$dR_i = \frac{\partial f}{\partial P}dP_i + \frac{\partial f}{\partial E_0}dE_{0i} + \frac{\partial f}{\partial \text{TWSC}}d\text{TWSC}_i + \frac{\partial f}{\partial n}dn_i \qquad (6\text{-}8)$$

6.2.2 节中提到，基于实际蒸发变化对气候和陆地储水变化的微分方程，Zeng 和 Cai[235]推导了实际蒸发方差的表达式，进而得到各因子对蒸发变化的贡献率。这里，本章拟采用平均离差代替方差来描述径流的变化。相关研究指出[244, 245]，平均离差（MAD）更适合现实情形，建议采用平均离差代替方差。此外，平均离差是一种比方差更为简单的描述样本变化的统计方法，其在归因分解中不会产生贡献率平方或者两种影响要素贡献率相互重叠的现象。

不同时间尺度（如年际、年内尺度）径流变化用平均离差表示为

$$\text{MAD}_R = \frac{1}{N}\sum_{i=1}^{N}|R_i - \overline{R}| = \frac{1}{N}\sum_{i=1}^{N}|\Delta R_i| = \frac{1}{N}\sum_{i=1}^{N}\text{sign}(\Delta R_i) \times \Delta R_i \qquad (6\text{-}9)$$

式中，N 为样本数量。平均离差又称平均绝对离差。

将式（6-8）代入式（6-9），可得

$$\text{MAD}_R = \frac{1}{N}\sum_{i=1}^{N}\text{sign}(\Delta R_i) \times \left(\frac{\partial f}{\partial P}dP_i + \frac{\partial f}{\partial E_0}dE_{0i} + \frac{\partial f}{\partial \Delta S}d\text{TWSC}_i + \frac{\partial f}{\partial n}dn_i \right) \quad (6\text{-}10)$$

即

$$\text{MAD}_R = I_P + I_{E_0} + I_{\text{TWSC}} + I_n \qquad (6\text{-}11)$$

式中，I_P、I_{E_0}、I_{TWSC} 和 I_n 分别为 P、E_0、TWSC 和 n 对径流变化的影响量，其计算公式可表达为

$$I_x = \frac{1}{N}\sum_{i=1}^{N}\text{sign}(\Delta R_i) \times \frac{\partial f}{\partial x}dx_i \qquad (6\text{-}12)$$

式中，x 代表式（6-11）中的各个因子，包括 P、E_0、TWSC 和 n。各因子变化对径流变化的相对贡献率（δR_x）可以采用式（6-13）计算：

$$\delta R_x = \frac{|I_x|}{|I_P| + |I_{E_0}| + |I_{\Delta S}| + |I_n|} \times 100\% \qquad (6\text{-}13)$$

以类似的方式，还可以推导各因子对实际蒸发变化的相对贡献率计算公式。

基于式（6-7）～式（6-13），以逐年、逐月或多年气象水文数据输入，则可评估各因子对年际、年内或多年尺度径流变化的贡献率。

6.3　全球关键水循环要素变化分析

6.3.1　关键水循环要素变化趋势分析

图 6-2 为 1984～2010 年全球降水（P）、径流（R）、陆地储水变化（TWSC）、潜在蒸发（E_0）和其他因子（n）MMK 趋势值空间分布图。图中颜色对应的数值为 MMK 趋势检验的 z 值，浅黄色区域（$0<z<1.96$）表示趋势增加，红色区域（$z>1.96$）表示趋势显著增加，浅绿色区域（$-1.96<z<0$）表示趋势减少，蓝色区域（$z<-1.96$）表示趋势显著减少。

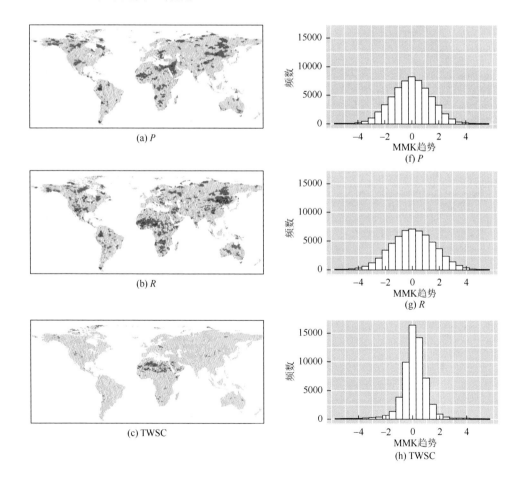

(a) P

(f) P

(b) R

(g) R

(c) TWSC

(h) TWSC

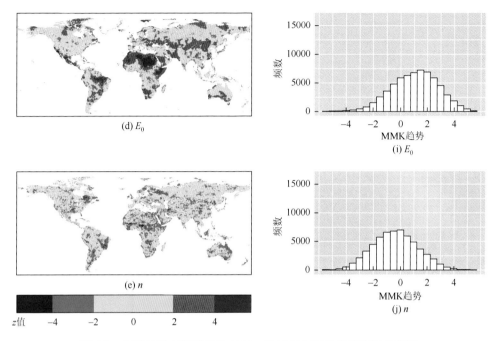

图 6-2　全球关键水循环要素 1984～2010 年 MMK 趋势空间分布图

表 6-1 总结了全球各气象水文要素变化呈现增加趋势、减少趋势、显著增加趋势和显著减少趋势的面积占全球陆地（不包括格陵兰岛和南极洲）面积的百分比。

表 6-1　全球关键水循环要素不同类型变化趋势占全球陆地面积的比值（单位：%）

要素	增加趋势占比	减少趋势占比	显著增加趋势占比	显著减少趋势占比
降水	49.6	50.4	7.9	9.0
实际蒸发	50.9	49.1	12.6	12.0
径流	51.6	48.4	11.9	10.0
陆地储水变化	58.8	41.2	1.9	2.0
潜在蒸发	73.8	26.2	32.3	3.9
其他因子	41.3	58.7	8.7	16.7

注：格陵兰岛和南极洲除外。

全球陆地降水呈现增加趋势和减少趋势的区域面积相当（图 6-2），分别占全球陆地（不包括格陵兰岛和南极洲）面积的 49.6% 和 50.4%（表 6-1）。降水变化趋势分布频率直方图变动均匀，呈钟形分布，以均值（0）为中心，左右接近对称，并由均值所在处开始，频数分布从趋势变化不显著逐步向显著均匀下降［图 6-2（f）］。降水显著增加的区域占比 7.9%，主要分布北美拉布拉多高原北部、南美亚马孙平原北部、欧洲巴尔干半岛、非洲几内亚湾及加丹加高原和北亚中西伯利亚高原以西等地区。降水显著减少的区域占比 9.0%，主要分布在北美北部、阿拉伯半岛北部、东北平原等地区。

全球陆地径流变化呈增加趋势的区域略多于呈减少趋势的区域，增加和减少趋势区域面积占比分别为 51.6% 和 48.4%（表 6-1）。径流趋势分布频率直方图与降水趋势分布频率直方图较为相似，呈钟形分布；不同的是，径流趋势分布频率直方图更为扁平，变化趋势显著的区域比例更高 [图 6-2（g）]。径流显著增加的区域占比 11.9%，空间分布上与降水显著增加区域基本一致，不同的是径流显著增加的区域明显扩大，如在非洲大陆，径流显著增加趋势的区域扩展到非洲热带草原气候区的大部分区域（5°N～20°N；10°S～30°S）。径流显著减少的区域占比 10.0%，分布区域与降水显著减少区域相比在北美、我国东北平原等地区都明显扩张，而在阿拉伯半岛明显缩小。

全球陆地储水变化增加区域明显多于减少区域，分别占比 58.8% 和 41.2%。全球陆地储水变化趋势显著区域很少，显著增加和显著减少的区域分别占比 1.9% 和 2.0%。

全球潜在蒸发变化趋势空间分异特征明显。全球潜在蒸发变化以增加趋势为主导，增加趋势区域占比 73.8%，且其中有近半区域增加趋势显著。潜在蒸发增加趋势显著的区域主要分布在北美东北部的高纬度地区和南部的墨西哥、南美亚马孙平原和拉普拉塔平原、亚欧大陆中纬度 40°N～50°N 的大部分地区与东北部少部分地区、北非和澳大利亚南部等地区。潜在蒸发显著减少区域占比 3.9%，在各大洲零星分布。

其他因子变化趋势增加区域少于减少区域，增加和减少趋势区域面积占比分别为 41.3% 和 58.7%。显著增加趋势占比 8.7%，主要分布在北美东部、北欧等地区。按照第 2 章和第 4 章研究结果：其他因子变化对径流变化的影响包含了下垫面变化和人类活动等的影响，其对径流变化的弹性系数为负值，即其他因子的增加具有减少径流作用。因此，可以认为这些区域的下垫面变化和人类活动等其他因子对径流变化的影响主要表现为减少径流的作用。其他因子显著减少的区域占比 16.7%，主要分布在南美亚马孙平原东南部和拉普拉塔平原、非洲热带草原气候区的北部区域（5°N～15°N）及红海两侧和澳大利亚西北部等地区。说明下垫面变化和人类活动等其他因子对该区域径流变化的影响主要表现为增加径流作用。

6.3.2　径流年内和年际变化特征

采用逐年径流和逐月径流数据，利用平均离差法分析径流的年际和年内变化情况。图 6-3 给出了全球径流年际变化和年内变化空间分布。从图 6-3（a）可以看出，全球径流变化空间分异特征明显。湿润地区径流年际和年内变化量均明显高于干旱地区。径流年际变化高值区主要分布在北美西部沿海温带海洋气候区和南部亚热带季风和湿润气候区、南美热带雨林气候区和温带海洋气候区、非洲热带雨林气候区、南亚和东南亚热带季风气候区、东南亚热带雨林气候区和澳大利亚北部热带草原气候区，这些区域径流年际变化一般都超过 100mm。径流变化低值区主要分布在西亚和北非热带沙漠区、东亚北部温带大陆性气候区和澳大利亚热带沙漠区，这些区域径流年际变化一般都低于 5mm。

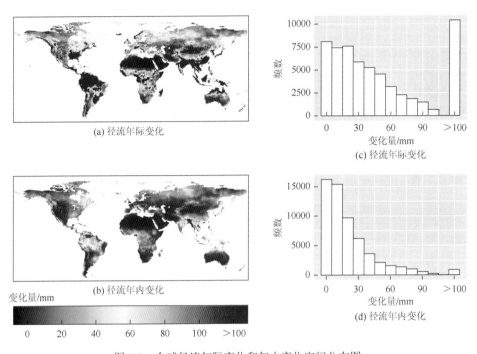

图 6-3　全球径流年际变化和年内变化空间分布图

径流年内变化空间分布与年际变化基本一致，然而由于年内变化是基于逐月平均径流序列计算所得，因此，径流年内变化量级普遍小于年际变化。径流年内变化大于 100mm 的区域主要分布在南美北部热带雨林气候区和东南亚热带季风气候区内的部分区域。

图 6-4 进一步展示了全球径流年际、年内变化幅度（平均离差/均值）。径流年内和年际变化幅度空间分布与其变化量空间分布存在明显差别，湿润地区径流年际和年内变化幅度均明显低于干旱地区。全球径流年际平均变化幅度普遍较小 [图 6-4（a）]，大部分区域变化幅度小于 25% [图 6-4（c）]。径流年际变化幅度高值区主要分布在北非热带沙漠区、澳大利亚热带沙漠区，这些区域径流年际变化幅度一般都超过 75%。

径流年内变化幅度普遍高于年际变化幅度。径流年际变化幅度高值区主要分布在北美大陆和亚欧大陆高纬度地区、西亚和北非热带沙漠气候区、南亚和东南亚热带季风气候区及澳大利亚北部地区，这些区域径流年内变化幅度一般都大于 100%。

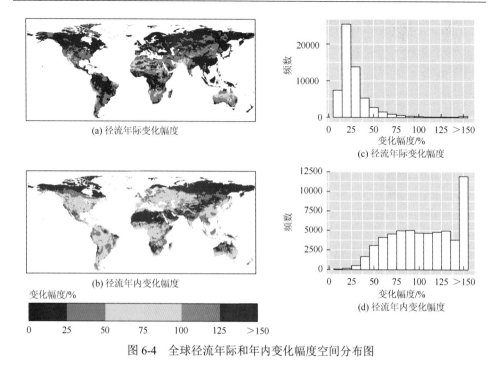

图 6-4　全球径流年际和年内变化幅度空间分布图

6.4　模拟与实测径流变化对比

图 6-5 为采用式（6-10）模拟的全球径流变化（MAD）与实测径流（Zhang 等[240]利用数据同化技术所得）变化对比图。从图 6-5 可以看出，本章提出的径流变化归因方法对径流年际和年内尺度变化的模拟效果良好。

年际尺度上，模拟径流变化和实测径流变化的决定系数（R^2）为 0.99，均方根误差分别为 8.78mm。若忽略陆地储水变化对径流变化的影响，则模拟径流变化的决定系数（R^2）降低为 0.95，而均方根误差增加至 17.00mm。若忽略其他因子对径流变化的影响，则模拟径流变化的决定系数（R^2）降低为 0.97，而均方根误差增加至 22.77mm；此外，忽略其他因子影响的模拟径流变化回归系数明显小于所有因子都考虑的情况，前者为 0.83，后者为 1.02。由此表明，如果不考虑人类活动和下垫面变化等其他因子影响，将导致所评估的年际径流变化量偏小。

年内尺度上，模拟径流变化的决定系数（R^2）为 0.96，均方根误差为 5.40mm。若忽略陆地储水变化对径流变化的影响，则模拟径流变化的决定系数（R^2）分别降低至 0.71，而均方根误差增加至 15.54mm。若忽略其他因子对径流变化的影响，则模拟径流变化的决定系数（R^2）降低至 0.93，而均方根误差增加到 7.91mm；此外，忽略其他因子影响的模拟径流变化的回归系数明显小于 1，表明径流变化模拟中若不考虑其他因子的影响，则模拟的径流变化会明显偏小。

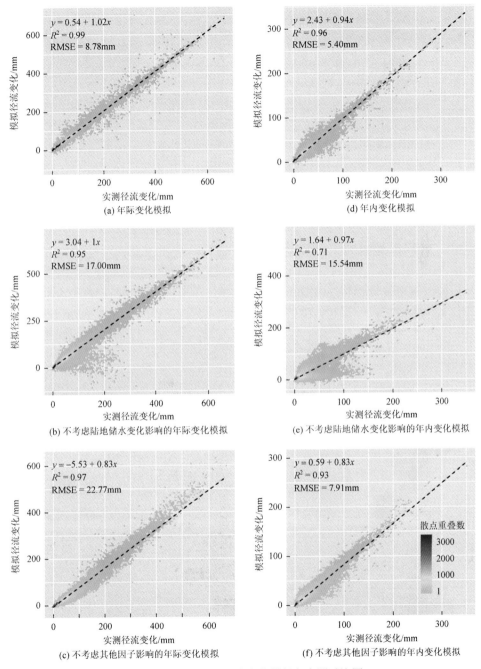

图 6-5　径流年际、年内变化模拟与实测对比图

值得注意的是，式（6-10）对年际尺度径流变化的模拟精度明显优于对年内尺度径流变化模拟的精度，这可能是由于精细时间尺度径流变化更为复杂[8]，也

说明年内尺度径流变化模拟存在更大的不确定性。另外，Liu 等[227]研究指出，Budyko 模型的模拟精度会随着时间尺度减小而有所降低。

不考虑陆地储水变化的影响对年内尺度径流变化模拟精度明显大于年际尺度，前者模拟的决定系数（R^2）为 0.95，后者为 0.71。表明在精细尺度径流变化模拟过程中，必须考虑陆地储水变化的影响。如果年内径流变化模拟没有收集到陆地储水变化数据，研究中应该剔除受陆地储水变化影响显著的流域，以避免模拟结果产生较大偏差[246]。

综上，综合考虑气候变化、陆地储水变化和其他因子影响的径流变化模拟效果更为精确，更适合全球径流模拟与归因分析。

6.5 不同时间尺度全球径流变化归因分析

6.5.1 年际尺度径流变化归因

图 6-6 为各因子变化对全球径流年际变化贡献率分布图，图 6-7 为径流年际变化主导因子空间分布图。从图 6-6（a）和图 6-6（e）可以看出，降水变化对全球大部分区域年际径流变化的贡献率大于 50%，特别在巴西和印度尼西亚热带雨林气候区及东南亚热带季风气候区，降水变化对径流变化的贡献率在 80% 以上。而在非洲大陆的气候干旱地区及北亚高寒区，降水变化对径流变化的影响较小。总地来说，降水变化是全球径流年际变化的最主要原因（图 6-6），降水变化对全球径流变化的平均贡献率为 55.7%，其主导了全球 82.6% 的区域径流年际变化。

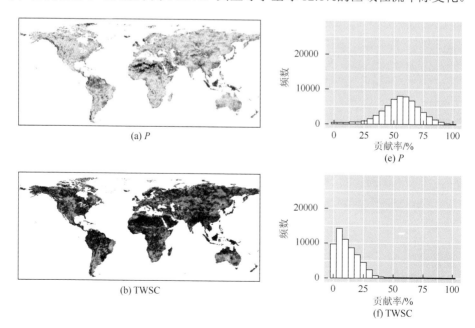

(a) P

(e) P

(b) TWSC

(f) TWSC

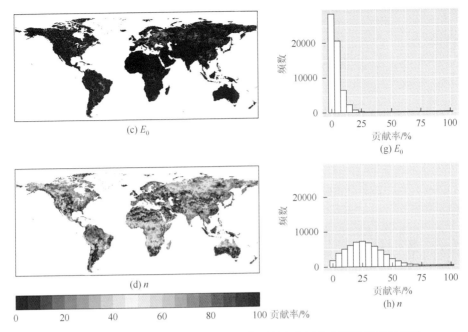

图 6-6　各因子变化对全球径流年际变化贡献率空间分布图和频率直方图

图 6-7　径流年际变化主导因子空间分布图

陆地储水变化对全球径流年际变化的平均贡献率为 11.9%［图 6-6（b）和表 6-2］。陆地储水变化主导径流年际变化的区域仅限于极圈周边的少部分区域（图 6-7），对其他绝大部分地区年际径流变化贡献率小于 20%。

表 6-2　各因子对全球径流年际变化平均贡献率及其主导的面积占全球陆地面积的比值（单位：%）

因子	平均贡献率	主导面积占比
降水	55.7	82.6
陆地储水变化	11.9	1.0

因子	平均贡献率	主导面积占比
潜在蒸发	4.2	0.0
其他因子	28.2	16.3

注：格陵兰岛和南极洲除外。

潜在蒸发变化对径流年际变化的影响较小，潜在蒸发变化对全球径流年际变化的平均贡献率为4.2%。潜在蒸发对年际径流变化影响较大的区域主要分布在亚欧大陆北部、北美洲东北部、南美洲东南部，贡献率大约在10%～25%，而在其他地区潜在蒸发贡献率普遍小于5%。经流年际变化以潜在蒸发变化为主导的区域小于0.1%。

其他因子对径流年际变化的贡献率较大，其贡献率普遍大于陆地储水变化和潜在蒸发的贡献率［图6-6（b）～（d）］。其他因子对全球径流年际变化的平均贡献率为28.2%。全球径流年际变化以其他因子影响为主导的区域面积占总面积的比值为16.3%，主要分布在非洲大陆的热带草原、热带沙漠和亚热带草原与沙漠气候区及亚欧大陆亚寒带大陆性气候区。

综上，全球径流年际变化主要受降水变化的影响，其次是其他因子。降水变化和其他因子是全球99%的区域年际径流变化的主导因素。陆地储水变化和潜在蒸发变化对全球径流年际变化影响较小。

6.5.2　年内尺度径流变化归因

图6-8为各因子变化对全球径流年内变化贡献率分布图，图6-9为径流年内变化主导因子空间分布图。

降水变化对年内尺度径流变化贡献率空间分布与年际尺度的情况存在较大差别，前者贡献率空间变化相对均匀，而后者较为杂乱。一方面，降水变化对年内尺度径流变化的贡献率在部分区域明显大于其对年际尺度的贡献率，这些区域主

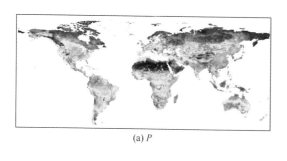

(a) P

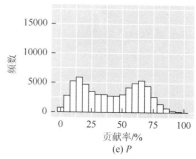

(e) P

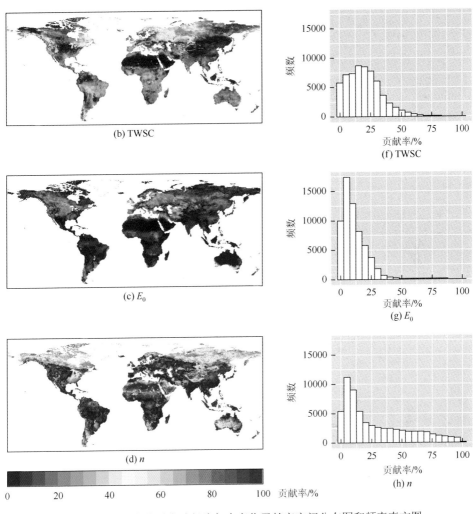

图 6-8　各因子变化对全球径流年内变化贡献率空间分布图和频率直方图

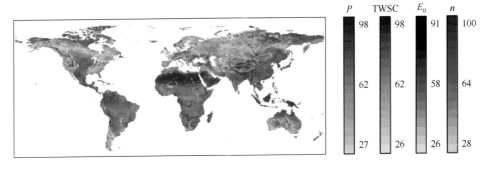

图 6-9　径流年内变化主导因子空间分布图

要分布在撒哈拉以南的非洲、拉丁美洲、东亚、南亚和东南亚，降水变化对这些区域径流年内变化的贡献率普遍大于 60%。另一方面，在上述地区以外的大部地区，如亚欧大陆和北美大陆的高纬度地区及北非，降水变化对年内尺度径流变化的贡献率明显小于其对年际尺度的贡献率，降水变化对这些区域径流年内变化的贡献率普遍小于 25%。

平均而言，降水变化对全球径流年内变化的贡献率为 41.8%，明显小于其对径流年际变化的平均贡献率。尽管如此，降水变化仍然是全球大部分区域（56.4%）径流年内变化的主导因素，这些区域主要集中在北美南部、南美、地中海沿岸、撒哈拉以南的非洲、东亚、南亚、东南亚及澳大利亚。

陆地储水变化对全球径流年内变化的贡献率相对年际变化有所增大，其平均贡献率为 20.0%，明显大于后者的 11.9%（表 6-2 和表 6-3）。此外，陆地储水变化主导径流年内变化的区域相对年际径流变化的区域也明显增多，陆地储水变化主导前者的面积比为 11.1%，后者为 1.0%（表 6-2 和表 6-3）。陆地储水变化主导径流年内变化的区域主要分布在中高纬度，包括加拿大的东部和西部沿海地区、欧洲北部、亚洲西北部、南美洲西南部等地区。

表 6-3　各因子对全球径流年内变化贡献率及其主导的区域面积占全球陆地面积的比值（单位：%）

因子	平均贡献率	主导面积占比
降水	41.8	56.4
陆地储水变化	20.0	11.1
潜在蒸发	10.7	1.1
其他因子	27.5	31.4

注：格陵兰岛和南极洲除外。

潜在蒸发变化对全球径流年内变化的贡献率较小，平均贡献率为 10.7%。全球径流变化以潜在蒸发变化为主导的区域占比 1.1%。潜在蒸发对年内径流变化影响较大的区域主要分布在亚欧大陆东部、北美洲东北部、澳大利亚东南与西南部，贡献率大约在 25%～35%。

其他因子主导的全球径流年内变化面积占比明显高于其主导的年际变化面积占比，这些区域主要分布在北美北部、亚洲北部和中部、北非及澳大利亚中部。同时，其他因子主导了这些地区径流年内变化，其贡献率普遍高于 50%。平均而言，其他因子对全球径流年内变化的贡献率为 27.5%。

综上，降水变化和其他因子对径流年内变化的平均贡献率小于其对年际变化的平均贡献率，而潜在蒸发和陆地储水变化对径流年内变化的贡献率均大于其对年际变化的贡献率。同时，潜在蒸发变化、陆地储水变化和其他因子控制径流年内变化的区域较年际变化也明显增多，特别是陆地储水变化。

6.5.3　多年尺度径流变化归因

为对比各因子对不同时间尺度径流变化的贡献率差异，图 6-10 进一步展示了气候变化、陆地储水变化和其他因子对多年平均径流变化贡献率空间分布图。该图将整个时间序列分成了 3 个阶段：前期十年（1984～1993 年）、中期十年（1994～2003 年）及后期七年（2004～2010 年），分别评估各阶段径流变化受气候变化、陆地储水变化和其他因子影响的程度。多年径流变化量化归因同样可以采用本章提出的径流变化归因方法，只需将式（6-9）中的时间 i 对应相应的时间段即可。

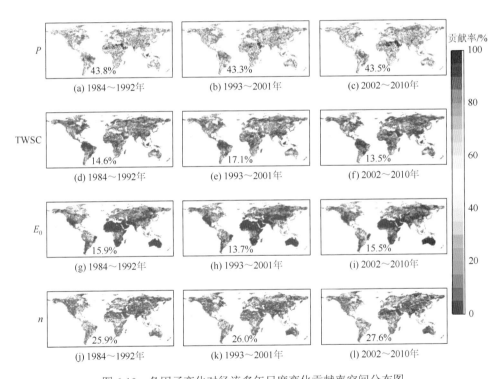

图 6-10　各因子变化对径流多年尺度变化贡献率空间分布图
（a）～（c）为降水变化贡献率；（d）～（f）为陆地储水变化贡献率；（g）～（i）为潜在蒸发贡献率；
（j）～（l）为其他因子贡献率

从图 6-10（a）～（c）可以看出，降水变化对径流多年尺度变化的贡献率空间差异较大，且在大部分区域小于其对径流年际和年内尺度变化贡献率。降水变化对全球径流多年尺度变化贡献率在 43.3%～43.8%（平均为 43.5%），小于其对全球径流年际和年内变化平均贡献率。

陆地储水变化对径流多年变化的贡献率空间分布与其对年内变化的贡献率较为相似，然而前者的平均贡献率明显小于后者，其对前者的平均贡献率在13.5%～17.1%，而对后者平均贡献率为20.0%。多年尺度下潜在蒸发的贡献率较大，3个时期全球平均贡献率分别为 15.9%、13.7%、15.5%，大于其在年际、年内尺度的贡献率（分别为4.2%、10.7%）。特别地，潜在蒸发变化对部分区域的贡献率大于 50%，如南美洲热带雨林地区，潜在蒸发控制了这些区域多年尺度径流变化。

其他因子对径流变化的贡献率在多年尺度上明显大于对径流年内和年际尺度变化的贡献率，且贡献率大于 50%的区域在多年尺度上也明显增大。其他因子对3 个时期径流变化的全球平均贡献率分别为 25.9%、26.0%和27.6%，控制径流多年变化的区域主要分布在北非、西亚等地区。

总地来说，降水变化是任一时间尺度径流变化的主要原因。陆地储水变化对径流变化的贡献率随时间尺度的增大而减小，相反，其他因子对径流变化的贡献率随时间尺度的增大而增大。

6.6　讨　　论

研究全球径流变化及其成因对全球水资源规划和管理具有重要意义[224, 247, 248]。本章强调有必要考虑其他因子对径流变化的影响，尽管这一提议并不新颖，然而已有的针对径流年内和年际尺度（乃至实际蒸发）变化的归因方法与归因分析过程均忽视了其他因子的影响[8, 9, 22, 235]，并且目前尚无全球尺度的相关研究。

考虑人类活动和下垫面变化等其他因子影响不仅让径流变化归因方法更加系统和全面，同时还有助于提高径流年际和年内变化模拟精度。本章研究发现，其他因子是影响径流年内和年际变化的重要影响因素，其对全球径流年际和年内变化的平均贡献率明显大于潜在蒸发变化和陆地储水变化的贡献率。

基于 Budyko 框架，Zeng 和 Cai[235]将实际蒸发进行方差分解，提出了考虑降水、潜在蒸发和陆地储水变化的实际蒸发变化归因方法。采用该方法，近几年来有数篇优质论文分析了不同区域（流域）实际蒸发和径流变化成因。其中，Zhang等[22]对我国 282 个流域实际蒸发变化和径流变化进行了模拟和归因分析，研究结果显示，模拟的年际和年内尺度实际蒸发变化与陆地径流变化偏小于实际蒸发与径流变化，模拟的回归系数均小于 0.85，决定系数均小于 0.85。Zeng 和 Cai[9]采用该方法评估气候变化和陆地储水变化对全球 32 个主要大河流域实际蒸发变化的影响，结果显示模拟的潜在蒸发年际和年内变化决定系数分别为 0.67 和 0.87。Wu 等[8]评估了该方法模拟我国实际蒸发变化存在的误差，发现该方法对精细空间尺度（0.5°栅格）实际蒸发的模拟效果良好，模拟的潜在蒸发年际和年内变化决定系数分别为 0.66 和 0.26。

综合以上研究可以发现，基于 Zeng 和 Cai[235]所提出的方法模拟实际蒸发和径流变化误差较大，并且存在偏小的情况。其中主要的原因应该是该方法没有考虑其他因子变化的影响。本章提出的任意时间尺度径流变化归因方法综合考虑了气候变化、陆地储水变化和其他因子的影响，模拟的径流变化与径流的实际变化相当，决定系数大于 0.96。另外，6.4 节还尝试评估去除了其他因子影响的径流变化模拟效果，结果显示在去除其他因子对径流变化的影响量之后，模拟效果明显降低、误差增大，模拟值存在偏小现象，与 Zhang 等[22]的模拟效果相似。因此，短时间尺度径流和实际蒸发归因分析中，也有必要考虑其他因子的影响。

其他因子主导径流变化的区域主要分布在干旱区，如北非和我国西北地区。其他因子的影响包括取用水变化、土地利用变化等人类活动和下垫面变化的影响[14, 239]，说明这些因素对干旱区径流变化影响显著。水资源短缺几乎是全球所有干旱区面临的严重问题[20]。从这个角度来看，径流变化模拟中更应该考虑其他因子的影响。

此外，Zeng 和 Cai[235]提出的基于降水、潜在蒸发和陆地储水变化的归因方法针对的是实际蒸发的方差变化，因此在归因分解中不可避免会出现各因子影响量两两交叉的情况。本章提出的径流归因方法利用径流变化全微分方程并结合平均离差展开导出，可分别评估降水、潜在蒸发、陆地储水变化及其他因子对径流变化的独立影响。

综上，本章提出的方法较已有方法具有如下优势：①考虑的影响因素更为全面，充分考虑了其他因子对径流变化的影响；②对径流变化的模拟效果明显优于已有方法；③能评估各个因子对径流年内、年际和多年尺度变化的独立影响。

尽管如此，本章研究依然存在较大的不确定性。首先，任意尺度径流变化评估方法是结合 Budyko 框架下的径流变化全微分方程的推导，全微分方程本身存在一定的误差。Yang 等[84]评估了该过程存在的误差，研究指出当降水增加 10mm，预测的降水变化对多年平均径流变化的影响存在 0.5%~5%的误差。其次，本章采用的气象水文数据集是通过对多来源数据同化处理所得，其中还包括少量栅格部分月份的降水量和径流量小于 0 或者潜在蒸发小于实际蒸发的情况，本章对不合理数据进行的简单处理也可能给归因结果带来一定的误差和不确定性。

6.7　本章小结

　　本章结合 Budyko 框架下的径流变化全微分方程和平均离差展开方程，提出了综合考虑气候变化（降水和潜在蒸发变化）、陆地储水变化和其他因子影响的任意时间尺度径流变化归因方法。该方法充分考虑了已有径流年内和年际变化归因方法忽略的其他因子的影响，避免了已有方法评估的各因子影响量相互重叠的现象。运用该方法，本章系统评估了气候变化、陆地储水变化和其他因子对全球径流不同时间尺度变化的影响。研究表明该方法对径流变化模拟效果良好，忽略其他因子对径流变化的影响将会导致模拟径流变化低估。

　　降水变化是全球径流变化的最主要原因，其对全球径流年内、年际和多年变化的平均贡献率分别为 41.8%、55.7% 和 43.5%。陆地储水变化对全球径流变化的贡献率随着时间尺度的增大而减小，其对径流年内尺度变化的贡献率明显大于对年际和多年尺度的贡献率。陆地储水变化主导着中高纬部分地区径流年内变化，包括加拿大的东部和西部沿海地区、欧洲北部、亚洲西北部和南美洲西南部等地区。潜在蒸发变化对径流年内变化的影响明显大于对年际变化的影响。潜在蒸发变化对全球径流变化的平均贡献率明显小于降水变化和陆地储水变化的贡献率。其他因子对径流变化的贡献率普遍大于陆地储水变化和潜在蒸发的贡献率，并主导了大部分寒区旱区径流年内变化。因此，其他因子对径流变化的影响不容忽视。

　　本章提出了任意尺度径流变化归因方法，系统评估了不同因子对全球径流不同时间尺度变化的影响，揭示了气候变化、陆地储水变化和其他因子对径流变化贡献率的时空差异性。本章提出的方法有助于进行水文模拟与预测，研究结果有助于全球水资源变化的评估和管理。

参 考 文 献

[1] Piao S, Philippe C, Yao H, et al. The impacts of climate change on water resources and agriculture in China. Nature, 2010, 467 (7311): 43-51.

[2] Saier M H. Climate Change. Water Air and Soil Pollution, 2007, 181: 1-2.

[3] Milly P C D, Dunne K A, Vecchia A V. Global pattern of trends in streamflow and water availability in a changing climate. Nature, 2005, 438 (7066): 347-350.

[4] Zhou G, Wei X, Chen X, et al. Global pattern for the effect of climate and land cover on water yield. Nat Commun, 2015, 6: 1-9.

[5] Berghuijs W R, Woods R A, Hrachowitz M. A precipitation shift from snow towards rain leads to a decrease in streamflow. Nature Climate Change, 2014, 4 (7): 583-586.

[6] Gu X, Zhang Q, Singh V P, et al. Changes in magnitude and frequency of heavy precipitation across China and its potential links to summer temperature. Journal of Hydrology, 2017, 547: 718-731.

[7] Zhang Q, Gu X, Singh V P, et al. Homogenization of precipitation and flow regimes across China: Changing properties, causes and implications. Journal of Hydrology, 2015, 530: 462-475.

[8] Wu C, Hu B X, Huang G, et al. Effects of climate and terrestrial storage on temporal variability of actual evapotranspiration. Journal of Hydrology, 2017, 549 (549): 388-403.

[9] Zeng R, Cai X. Climatic and terrestrial storage control on evapotranspiration temporal variability: Analysis of river basins around the world. Geophysical Research Letters, 2016, 43 (1): 185-195.

[10] Zhang Q, Liu J, Singh V P, et al. Evaluation of impacts of climate change and human activities on streamflow in the Poyang Lake basin, China. Hydrological Processes, 2016, 30 (14): 2562-2576.

[11] Wang X. Advances in separating effects of climate variability and human activity on stream discharge: An overview. Advances in Water Resources, 2014, 71: 209-218.

[12] Liu D, Chen X, LianY, et al. Impacts of climate change and human activities on surface runoff in the Dongjiang River basin of China. Hydrological Processes, 2010, 24 (11): 1487-1495.

[13] Tan X, Gan T Y. Contribution of human and climate change impacts to changes in streamflow of Canada. Scientific Reports, 2016, 5 (1): 17767-17777.

[14] Liu J, Zhang Q, Singh V P, et al. Contribution of multiple climatic variables and human activities to streamflow changes across China. Journal of Hydrology, 2017, 545: 145-162.

[15] Wang D, Hejazi M. Quantifying the relative contribution of the climate and direct human impacts on mean annual streamflow in the contiguous United States. Water Resources

Research，2011，47（10）：1-16.

[16] Chang J，Zhang H，Wang Y，et al. Assessing the impact of climate variability and human activities on streamflow variation. Hydrology and Earth System Sciences，2016，20（4）：1547-1560.

[17] 宁婷婷. Budyko 框架下黄土高原流域蒸散时空变化及其归因分析. 杨凌：中国科学院教育部水土保持与生态环境研究中心，2017.

[18] Barnett T P，Pierce D W，Hidalgo H G，et al. Human-Induced Changes in the Hydrology of the Western United States. Science，2008，319（5866）：1080-1083.

[19] 胡珊珊，郑红星，刘昌明，等. 气候变化和人类活动对白洋淀上游水源区径流的影响. 地理学报，2012，（1）：62-70.

[20] Mekonnen M M，Hoekstra A. Four billion people facing severe water scarcity. Science Advances，2016，2（2）：1-6.

[21] Ukkola A M，Prentice I C，KeenanT F.Reduced streamflow in water-stressed climates consistent with CO_2 effects on vegetation. Nature Climate Change，2016，6（1）：75-58.

[22] Zhang D，Liu X，Zhang Q，et al. Investigation of factors affecting intra-annual variability of evapotranspiration and streamflow under different climate conditions. Journal of Hydrology，2016，543：759-769.

[23] Molina A，Vanacker V，Brisson E，et al. Multidecadal change in streamflow associated with anthropogenic disturbances in the tropical Andes. Hydrology and Earth System Sciences，2015，19（10）：4201-4213.

[24] Istanbulluoglu E，Wang T，Wright O M，et al. Interpretation of hydrologic trends from a water balance perspective：The role of groundwater storage in the Budyko hypothesis. Water Resources Research，2012，48（3）：273-279.

[25] Chebana F，Ouarda T B M J，Duong T C. Testing for multivariate trends in hydrologic frequency analysis. Journal of Hydrology，2013，486（486）：519-530.

[26] Zhang Y，Leuning R，Chiew F H S，et al. Decadal Trends in Evaporation from Global Energy and Water Balances. Journal of Hydrometeorology，2012，13（1）：379-391.

[27] 冯婧. 气候变化对黑河流域水资源系统的影响及综合应对. 上海：东华大学，2014.

[28] 董煜. 艾比湖流域气候与土地利用覆被变化的径流响应研究. 乌鲁木齐：新疆大学，2016.

[29] IPCC. Climate Change 2007：The Physical Science Basis. Cambridge：Cambridge University Press，2007.

[30] Bates B，Kundzewicz Z，Wu S，et al. Climate change and water：intergovernental panel on climate change technical paper VI. IPCC Secretariat，Geneva，2008.

[31] 夏军，刘春蓁，任国玉. 气候变化对我国水资源影响研究面临的机遇与挑战. 地球科学进展，2011，（1）：1-12.

[32] Easterling D R，Meehl G A，Parmesan C，et al. Climate Extremes：Observations，Modeling，and Impacts. Science，2000，289（5487）：2068-2074.

[33] Murugesu S. Prediction in ungauged basins：A grand challenge for theoretical hydrology. Hydrological Processes，2003，17（15）：3163-3170.

[34] 杨大文，李翀，倪广恒，等. 分布式水文模型在黄河流域的应用. 地理学报，2004，59（1）：

143-154.

[35] Dooge, James C I. Sensitivity of Runoff to Climate Change: A Hortonian Approach. Bulletin of the American Meteorological Society, 1992, 73 (12): 2013-2024.

[36] Zheng H, Zhang L, Zhu R, et al. Responses of streamflow to climate and land surface change in the headwaters of the Yellow River Basin. Water Resources Research, 2009, 45 (7): 1-9.

[37] Xu X, Yang D, Yang H, et al. Attribution analysis based on the Budyko hypothesis for detecting the dominant cause of runoff decline in Haihe basin. Journal of Hydrology, 2014, 510: 530-540.

[38] Zhao Y, Zou X, Gao J, et al. Quantifying the anthropogenic and climatic contributions to changes in water discharge and sediment load into the sea: A case study of the Yangtze River, China. Science of the Total Environment, 2015, 536: 803-812.

[39] 齐冬梅, 李跃清, 陈永仁, 等. 气候变化背景下长江源区径流变化特征及其成因分析. 冰川冻土, 2015, (4): 1075-1086.

[40] 李林, 戴升, 申红艳, 等. 长江源区地表水资源对气候变化的响应及趋势预测. 地理学报, 2012, (7): 941-950.

[41] 代稳, 吕殿青, 李景保, 等. 气候变化和人类活动对长江中游径流量变化影响分析. 冰川冻土, 2016, (2): 488-497.

[42] Zhang M, Wei X, Sun P, et al. The effect of forest harvesting and climatic variability on runoff in a large watershed: The case study in the Upper Minjiang River of Yangtze River basin. Journal of Hydrology, 2012: 1-11.

[43] 叶许春, 张奇, 刘健, 等. 气候变化和人类活动对鄱阳湖流域径流变化的影响研究. 冰川冻土, 2009, (5): 835-842.

[44] 刘贵花, 齐述华, 朱婧瑄, 等. 气候变化和人类活动对鄱阳湖流域赣江径流影响的定量分析. 湖泊科学, 2016, (3): 682-690.

[45] 林凯荣, 何艳虎, 陈晓宏. 气候变化及人类活动对东江流域径流影响的贡献分解研究. 水利学报, 2012, (11): 1312-1321.

[46] 杨满根. 气候变化和土地利用变化背景下淮河流域中上游径流变化研究. 南京: 南京大学, 2016.

[47] 侯钦磊, 白红英, 任园园, 等. 50 年来渭河干流径流变化及其驱动力分析. 资源科学, 2011, (8): 1505-1512.

[48] 张利平, 于松延, 段尧彬, 等. 气候变化和人类活动对永定河流域径流变化影响定量研究. 气候变化研究进展, 2013, (6): 391-397.

[49] 吴迪, 赵勇, 裴源生, 等. 气候变化对澜沧江-湄公河上中游径流的影响研究. 自然资源学报, 2013, (9): 1569-1582.

[50] Liang W, Bai D, Wang F, et al. Quantifying the impacts of climate change and ecological restoration on streamflow changes based on a Budyko hydrological model in China's Loess Plateau. Water Resources Research, 2015, 51 (8): 6500-6519.

[51] 孙卫国, 程炳岩, 李荣. 黄河源区径流量与区域气候变化的多时间尺度相关. 地理学报, 2009, 64 (1): 117-127.

[52] 张士锋, 华东, 孟秀敬, 等. 三江源气候变化及其对径流的驱动分析. 地理学报, 2011, (1): 13-24.

[53] 王随继, 李玲, 颜明. 气候和人类活动对黄河中游区间产流量变化的贡献率. 地理研究, 2013, (3): 395-402.

[54] 孙悦, 李栋梁, 朱拥军. 渭河径流变化及其对气候变化与人类活动的响应研究进展. 干旱气象, 2013, (2): 396-405.

[55] 胡彩虹, 王纪军, 柴晓玲, 等. 气候变化对黄河流域径流变化及其可能影响研究进展. 气象与环境科学, 2013, (2): 57-65.

[56] 徐翔宇. 气候变化下典型流域的水文响应研究. 北京: 清华大学, 2012.

[57] 李宝富, 陈亚宁, 陈忠升, 等. 西北干旱区山区融雪期气候变化对径流量的影响. 地理学报, 2012, 67 (11): 1461-1470.

[58] 徐长春, 陈亚宁, 李卫红, 等. 塔里木河流域近 50 年气候变化及其水文过程响应. 科学通报, 2006, (S1): 21-30.

[59] Yang H, Qi J, Xu X, et al. The regional variation in climate elasticity and climate contribution to runoff across China. Journal of Hydrology, 2014, 517: 607-616.

[60] Yang H, Yang D. Derivation of climate elasticity of runoff to assess the effects of climate change on annual runoff. Water Resources Research, 2011, 47 (7): 1-12.

[61] 朱国锋, 何元庆, 蒲焘, 等. 1960~2009 年横断山区潜在蒸发量时空变化. 地理学报, 2011, 66 (7): 905-916.

[62] 刘昌明, 张丹. 中国地表潜在蒸散发敏感性的时空变化特征分析. 地理学报, 2011, (5): 579-588.

[63] Budyko M I. Climate and Life. Pittsburgh: Academic Press, 1974.

[64] Yang H, Yang D, Lei Z, et al. New analytical derivation of the mean annual water-energy balance equation. Water Resources Research, 2008, 44 (3): 893-897.

[65] Roderick M, Rotstayn L D, Farquhar G D, et al. On the attribution of changing pan evaporation. Geophysical Research Letters, 2007, 34 (17): 1-6.

[66] Allen R G, Pereira L S, Raes D, et al. Crop Evapotranspiration-Guidelines for Computing Crop Water Requirements-FAO Irrigation and Drainage Paper 56. Rome: FAO, 1998.

[67] Zhang Q, Qi T, Li J, et al. Spatiotemporal variations of pan evaporation in China during 1960-2005: changing patterns and causes. International Journal of Climatology, 2015, 35 (6): 903-912.

[68] Killick R, Eckley I A. Changepoint: An R Package for Changepoint Analysis. Journal of Statistical Software, 2014, 58 (1): 1-19.

[69] Villarini G, Serinaldi F, Smith J A, et al. On the stationarity of annual flood peaks in the continental United States during the 20th century. Water Resources Research, 2009, 45 (8): 1-17.

[70] 刘剑宇, 张强, 顾西辉. 水文变异条件下鄱阳湖流域的生态流量. 生态学报, 2015, (16): 5477-5485.

[71] Poff N L, Olden J D, Merritt D M, et al. Homogenization of regional river dynamics by dams and global biodiversity implications. Proceedings of the National Academy of Sciences of the United States of America, 2007, 104 (14): 5732-5737.

[72] Tan X, Gan T Y. Contribution of human and climate change impacts to changes in streamflow of Canada. Sci Rep, 2015, 5: 17767.

[73] 张建云，章四龙，王金星，等. 近 50 年来中国六大流域年际径流变化趋势研究. 水科学进展，2007，18（2）：230-234.

[74] Tang Y，Tang Q，Tian F，et al. Responses of natural runoff to recent climatic variations in the Yellow River basin，China. Hydrology and Earth System Sciences，2013，17（11）：4471-4480.

[75] Liu Z，Yao Z，Huang H，et al. Land use and climate changes and their impacts on runoff in the yarlung zangbo river basin，China. Land Degradation and Development，2014，25（3）：203-215.

[76] Fan H，He D. Temperature and precipitation variability and its effects on streamflow in the upstream regions of the Lancang-Mekong and Nu-Salween Rivers. Journal of Hydrometeorology，2015，16（5）：2248-2263.

[77] Zhang S，Yang D，Jayawardena A W，et al. Hydrological change driven by human activities and climate variation and its spatial variability in Huaihe Basin，China. Hydrological Sciences Journal-Journal Des Sciences Hydrologiques，2016，61（8）：1370-1382.

[78] Xu C Y，Singh V P. Evaluation and generalization of temperature-based methods for calculating evaporation. Hydrological Processes，2000，14（2）：339-349.

[79] Wang W，Shao Q，Yang T，et al. Quantitative assessment of the impact of climate variability and human activities on runoff changes：A case study in four catchments of the Haihe River basin，China. Hydrological Processes，2013，27（8）：1158-1174.

[80] Wang S，Yan M，Yan Y，et al. Contributions of climate change and human activities to the changes in runoff increment in different sections of the Yellow River. Quaternary International，2012，282：66-77.

[81] Miao C，Ni J，Alistair G L B，et al. A preliminary estimate of human and natural contributions to the changes in water discharge and sediment load in the Yellow River. Global and Planetary Change，2011，76：196-205.

[82] Li F，Zhang G，Xu Y. Separating the Impacts of Climate Variation and Human Activities on Runoff in the Songhua River Basin，Northeast China. Water，2014，6（11）：3320-3338.

[83] Ling H，Xu H，Fu J. Changes in intra-annual runoff and its response to climate change and human activities in the headstream areas of the Tarim River Basin，China. Quaternary International，2014，336：158-170.

[84] Yang H，Yang D，Hu Q. An error analysis of the Budyko hypothesis for assessing the contribution of climate change to runoff. Water Resources Research，2014，50（12）：9620-9629.

[85] Donohue R J，Roderick M L，Mcvicar T R. Roots，storms and soil pores：Incorporating key ecohydrological processes into Budyko's hydrological model. Journal of Hydrology，2012，436-437：35-50.

[86] 陈晓晨. CMIP5 全球气候模式对中国降水模拟能力的评估. 北京：中国气象科学研究院，2014.

[87] Valipour M，Sefidkouhi M A G，Sarjaz M R. Selecting the best model to estimate potential evapotranspiration with respect to climate change and magnitudes of extreme events. Agricultural Water Management，2017，180：50-60.

[88] Gao G，Chen D，Xu C. Trend of estimated actual evapotranspiration over China during 1960∼2002. Journal of Geophysical Research，2007，112（D11）：1-8.

[89] Hupet F，Vanclooster M. Effect of the sampling frequency of meteorological variables on the estimation of the reference evapotranspiration. Journal of Hydrology，2001，243（3）：192-204.

[90] Goyal R K. Sensitivity of evapotranspiration to global warming: A case study of arid zone of Rajasthan（India）. Agricultural Water Management，2004，69（1）：1-11.

[91] Irmak S，Payero J，Martin D L，et al. Sensitivity Analyses and Sensitivity Coefficients of Standardized Daily ASCE-Penman-Monteith Equation. Irrig Drain Eng，2006，132（6）：564-578.

[92] Bormann H. Sensitivity analysis of 18 different potential evapotranspiration models to observed climatic change at German climate stations. Climatic Change，2011，104（3-4）：729-753.

[93] Tabari H，Talaee P H. Sensitivity of evapotranspiration to climatic change in different climates. Global and Planetary Change，2014，115：16-23.

[94] Debnath S，Adamala S，Raghuwanshi N S. Sensitivity Analysis of FAO-56 Penman-Monteith Method for Different Agro-ecological Regions of India. Environmental Processes，2015，2（4）：689-704.

[95] Ndiaye P M，Bodian A，Diop L，et al. Sensitivity Analysis of the Penman-Monteith Reference Evapotranspiration to Climatic Variables: Case of Burkina Faso. Journal of Water Resource and Protection，2017，9（12）：1364-1376.

[96] Gao G，Chen D，Ren G. Spatial and temporal variations and controlling factors of potential evapotranspiration in China: 1956～2000. Journal of Geographical Sciences，2006，16（1）：3-12.

[97] Chen S，Liu Y，Thomas A. Climatic change on the Tibetan Plateau: Potential Evapotranspiration Trends from 1961～2000. Climatic Change，2006，76（3-4）：291-319.

[98] 赵捷，徐宗学，左德鹏. 黑河流域潜在蒸散发量时空变化特征分析. 北京师范大学学报（自然科学版），2013，（Z1）：164-169.

[99] 李耀军，魏霞，苏辉东. 近30年甘肃省潜在蒸散发时空变化特征及演变归因的定量分析. 水资源与水工程学报，2015，（1）：219-225.

[100] Roderick M L，Farquhar G D. The cause of decreased pan evaporation over the past 50 years. Science，2002，298（5597）：1410-1411.

[101] Cong Z T，Yang D W，Ni G H. Does evaporation paradox exist in China？ Hydrology and Earth System Sciences，2009，13（3）：357-366.

[102] Gong L，Xu C，Chen D，et al. Sensitivity of the Penman-Monteith reference evapotranspiration to key climatic variables in the Changjiang（Yangtze River）basin. Journal of Hydrology，2006，329（3-4）：620-629.

[103] 刘小莽，郑红星，刘昌明，等. 海河流域潜在蒸散发的气候敏感性分析. 资源科学，2009，31（9）：1470-1476.

[104] 李斌，李丽娟，覃驭楚，等. 澜沧江流域潜在蒸散发敏感性分析. 资源科学，2011，（7）：1256-1263.

[105] 张彩霞，花婷，郎丽丽. 河西地区潜在蒸散发量变化及其敏感性分析. 水土保持研究，2016，（4）：357-362.

[106] Yao N，Li Y，Sun C. Effects of changing climate on reference crop evapotranspiration over 1961～2013 in Xinjiang，China. Theoretical and Applied Climatology，2018，131（1-2）：

349-362.

[107] Arora V K. The use of the aridity index to assess climate change effect on annual runoff. Journal of Hydrology, 2002, 265（1）: 164-177.

[108] Sankarasubramanian A, Vogel R. Hydroclimatology of the continental United States. Geophysical Research Letters, 2003, 30（7）: 1363.

[109] Chiew S F H. Estimation of rainfall elasticity of streamflow in Australia. Hydrological Sciences Journal, 2006, 51（4）: 613-625.

[110] Huang Z, Yang H, Yang D. Dominant climatic factors driving annual runoff changes at the catchment scale across China. Hydrology and Earth System Sciences, 2016, 20（7）: 2573-2587.

[111] Donohue R J, Roderick M L, Mcvicar T R. Assessing the differences in sensitivities of runoff to changes in climatic conditions across a large basin. Journal of Hydrology, 2011, 406（3-4）: 234-244.

[112] Guo D, Westra S, Maier H R. Impact of evapotranspiration process representation on runoff projections from conceptual rainfall-runoff models. Water Resources Research, 2017, 53（1）: 435-454.

[113] Ma H, Yang D, Tan S K, et al. Impact of climate variability and human activity on streamflow decrease in the Miyun Reservoir catchment. Journal of Hydrology, 2010, 389（3）: 317-324.

[114] Ma Z, Kang S, Zhang L, et al. Analysis of impacts of climate variability and human activity on streamflow for a river basin in arid region of northwest China. Journal of Hydrology, 2008, 352（3-4）: 239-249.

[115] 刘剑宇, 张强, 陈喜, 等. 气候变化和人类活动对中国地表水文过程影响定量研究. 地理学报, 2016,（11）: 1875-1885.

[116] 陈玲飞, 王红亚. 中国小流域径流对气候变化的敏感性分析. 资源科学, 2004, 26（6）: 62-68.

[117] 王国庆, 张建云, 刘九夫, 等. 中国不同气候区河川径流对气候变化的敏感性. 水科学进展, 2011, 22（3）: 307-314.

[118] 孟德娟, 莫兴国. 气候变化对不同气候区流域年径流影响的识别. 地理科学进展, 2013, 32（4）: 587-594.

[119] 高超, 陆苗, 张勋, 等. 淮河流域上游地区径流对气候变化的响应分析. 华北水利水电大学学报（自然科学版）, 2016, 37（5）: 28-32.

[120] Mcmahon T A, Peel M C, Lowe L, et al. Estimating actual, potential, reference crop and pan evaporation using standard meteorological data: A pragmatic synthesis. Hydrol Earth Syst Sci, 2013, 17（4）: 1331-1363.

[121] Mitchell J M, Dzerdzeevskii B, Flohn H. Climate Change. Geneva: WHO Technical Note 79, World Meteorological Organization, 1966.

[122] Hamed K H, Rao A R. A modified Mann-Kendall trend test for autocorrelated data. Journal of Hydrology, 1998, 204（4）: 182-196.

[123] 张文林. 巢湖流域水文时间序列的变点分析. 合肥: 合肥工业大学, 2006.

[124] 雷红富, 谢平, 陈广才. 水文序列变异点检验方法的性能比较分析. 水电能源科学, 2007, 25（4）: 36-40.

[125] 泮苏莉. 浙江省潜在蒸散发变化及水文过程研究. 杭州：浙江大学，2017.

[126] Hargreaves G H，Samni Z A. Estimation of potential evapotranspiration. Journal of Irrigation and Drainage Division，1982，108：223-230.

[127] Makkink G. F. Testing the Penman formula by means of lysimeters. Journal of the Institution of Water Engineers，1957，11：277-288.

[128] Priestley C H B，Taylor R J. On the assessment of the surface heat flux and evaporation using large-scale parameters，1972，100：81-92.

[129] 曾燕，邱新法，潘敖大. 地形对黄河流域太阳辐射影响的分析研究. 地球科学进展，2008，23（11）：1185-1193.

[130] 王书功，康尔泗，李新. 分布式水文模型的进展及展望. 冰川冻土，2004，（1）：61-65.

[131] 何思为，南卓铜，王书功，等. 四个概念性水文模型在黑河流域上游的应用与比较分析. 水文，2012，（3）：13-18.

[132] Boughton W C. A simple model for estimating the water yield of ungauged catchments. Inst Engs Australia，Civil Engg Trans，1990，26（2）：83-88.

[133] 霍勇，张国威. 萨克拉门托模型在乌鲁木齐河流域上的应用及改进. 干旱区地理，1992，（1）：77-83.

[134] 张卫华，李雨，魏朝富，等. 不同水文模型在 Broken 流域的比较研究. 西南师范大学学报（自然科学版），2011，（4）：211-216.

[135] 蔡文君，张卫华. SIMHYD 模型在 Goulburn 流域中的应用. 安徽农业科学，2008，（11）：4591-4594.

[136] 李鸿雁，李悦，刘海琼，等. SIMHYD 模型在松花江流域应用的适应性分析. 吉林大学学报（地球科学版），2017，（5）：1502-1510.

[137] 王国庆，王军平，荆新爱，等. SIMHYD 模型在清涧河流域的应用. 人民黄河，2006，（3）：29-30.

[138] Nash J E，Sutcliffe J V. River flow forecasting through conceptual models part I：A discussion of principles. Journal of Hydrology，1970，10：282-290.

[139] Moriasi D N，Arnold J G，Liew M W V. Model evaluation guidelines for systematic qualification of accuracy in watershed simulations. Transactions of the ASABE，2007，50（3）：885-900.

[140] Vogel R M，Wilson I，Daly C. Regional regression models of annual streamflow for The United States. Journal of Irrigation and Drainage Engineering，1999，125（3）：148-157.

[141] 郝振纯，李丽，王加虎. 气候变化对地表水资源的影响. 地球科学，2007，32（3）：425-432.

[142] 左太康，王懿贤，陈建绥. 中国地区太阳总辐射的空间分布特征. 气象学报，1963，33（1）：78-96.

[143] Cong Z T，Zhao J J，Yang D W. Understanding the hydrological trends of river basins in China. Journal of Hydrology，2010，388（3-4）：350-356.

[144] 王兆礼，陈晓宏，杨涛. 东江流域径流系数变化特征及影响因素分析. 水电能源科学，2010，28（8）：10-13.

[145] 张正浩，张强，邓晓宇，等. 东江流域水利工程对流域地表水文过程影响模拟研究. 自然资源学报，2015，30（4）：684-695.

[146] Xu Z X，Li J Y，Liu C M. Long-term trend analysis for major climate variables in the Yellow River Basin. Hydrological Processes，2007，21：1935-1948.

[147] Liu Q，Yang Z，Cui B. Spatial and temporal variability of annual precipitation during 1961～2006 in Yellow River Basin，China. Journal of Hydrology，2008，361：330-338.

[148] 张俊，郭生练，李超群，等. 概念性流域水文模型的比较. 武汉大学学报（工学版），2007，（2）：1-6.

[149] 马欣，吴绍洪，李玉娥，等. 未来气候变化对我国南方水稻主产区季节性干旱的影响评估. 地理学报，2012，（11）：1451-1460.

[150] 俄有浩，施茜，马玉平，等. 未来 10 年黄土高原气候变化对农业和生态环境的影响. 生态学报，2011，（19）：5542-5552.

[151] 初征，郭建平，赵俊芳. 东北地区未来气候变化对农业气候资源的影响. 地理学报，2017，（7）：1248-1260.

[152] Döll P，Schmied H M. How is the impact of climate change on river flow regimes related to the impact on mean annual runoff? A global-scale analysis. Environmental Research Letters，2012，7（1）：1-11.

[153] Zhou X，Zhang Y，Wang Y，et al. Benchmarking global land surface models against the observed mean annual runoff from 150 large basins. Journal of Hydrology，2012，470（1）：269-279.

[154] Kumar S，Zwiers F，Dirmeyer P A，et al. Terrestrial contribution to the heterogeneity in hydrological changes under global warming. Water Resources Research，2016，52（4）：3127-3142.

[155] Schneider C，Laize C L R，Acreman M，et al. How will climate change modify river flow regimes in Europe. Hydrology and Earth System Sciences，2012，17（1）：325-339.

[156] Leng G，Tang Q，Huang M，et al. Projected changes in mean and interannual variability of surface water over continental China. Science China Earth Sciences，2014，58（5）：739-754.

[157] Xu Z，Zhao F，Li J. Response of streamflow to climate change in the headwater catchment of the Yellow River basin. Quaternary International，2009，208（1）：62-75.

[158] Li F，Zhang Y，Xu Z，et al. The impact of climate change on runoff in the southeastern Tibetan Plateau. Journal of Hydrology，2013，505：188-201.

[159] Zhang Y，Su F，Hao Z，et al. Impact of projected climate change on the hydrology in the headwaters of the Yellow River basin. Hydrological Processes，2015，29（20）：4379-4397.

[160] Zhang A，Liu W，Yin Z，et al. How Will Climate Change Affect the Water Availability in the Heihe River Basin，Northwest China？Journal of Hydrometeorology，2016，17（5）：1517-1542.

[161] Li L，Hao Z，Wang J，et al. Impact of future climate change on runoff in the head region of the Yellow River. Journal of Hydrologic engineering，2008，13（5）：347-354.

[162] Li L，Shen H，Dai S，et al. Response of runoff to climate change and its future tendency in the source region of Yellow River. Journal of Geographical Sciences，2012，22（3）：431-440.

[163] Zuo D，Xu Z，Zhao J，et al. Response of runoff to climate change in the Wei River basin，China. Hydrological Sciences Journal，2015，60（3）：508-522.

[164] 汪美华，谢强，王红亚. 未来气候变化对淮河流域径流深的影响. 地理研究，2003，（1）：

79-88.

[165] 富强, 马冲, 张徐杰, 等. 气候变化下兰江流域未来径流的变化规律. 华北水利水电大学学报(自然科学版), 2016, (5): 22-27.

[166] 鞠琴, 郝振纯, 余钟波, 等. IPCC AR4 气候情景下长江流域径流预测. 水科学进展, 2011, (4): 462-469.

[167] 丁相毅, 贾仰文, 王浩, 等. 气候变化对海河流域水资源的影响及其对策. 自然资源学报, 2010, (4): 604-613.

[168] Liu Y, Zhang J, Wang G, et al. Quantifying uncertainty in catchment-scale runoff modeling under climate change (case of the Huaihe River, China). Quaternary International, 2012, 282: 130-136.

[169] Guo S, Wang J, Xiong L, et al. A macro-scale and semi-distributed monthly water balance model to predict climate change impacts in China. Journal of Hydrology, 2002, 268: 1-15.

[170] Wang G, Zhang J, Jin J, et al. Assessing water resources in China using PRECIS projections and a VIC model. Hydrology and Earth System Sciences, 2012, 16 (1): 231-240.

[171] Li J, Zhang Q, Chen Y, et al. GCMs-based spatiotemporal evolution of climate extremes during the 21st century in China. Journal of Geophysical Research: Atmospheres, 2013, 118 (19): 11017-11035.

[172] Wang W, Zou S, Shao Q, et al. The analytical derivation of multiple elasticities of runoff to climate change and catchment characteristics alteration. Journal of Hydrology, 2016, 541: 1042-1056.

[173] Fu G, Charles S P, Chiew F H S. A two-parameter climate elasticity of streamflow index to assess climate change effects on annual streamflow. Water Resources Research, 2007, 43 (11): 2578-2584.

[174] Zhang Q, Liu J, Singh V P, et al. Hydrological responses to climatic changes in the Yellow River basin, China: Climatic elasticity and streamflow prediction. Journal of Hydrology, 2017, 554: 635-645.

[175] Biswal B. Dynamic hydrologic modeling using the zero-parameter Budyko model with instantaneous dryness index. Geophysical Research Letters, 2016, 43 (18): 9696-9703.

[176] Ning T, Zhi L, Liu W. Vegetation dynamics and climate seasonality jointly control the interannual catchment water balance in the Loess Plateau under the Budyko framework. Hydrology and Earth System Sciences, 2017, 21 (3): 1515-1526.

[177] Teng J, Chiew F H S, Vaze J, et al. Estimation of Climate Change Impact on Mean Annual Runoff across Continental Australia Using Budyko and Fu Equations and Hydrological Models. Journal of Hydrometeorology, 2012, 13 (3): 1094-1106.

[178] Zhang S, Yang H, Yang D, et al. Quantifying the effect of vegetation change on the regional water balance within the Budyko framework. Geophysical Research Letters, 2016, 43 (3): 1140-1148.

[179] Koster R. "Efficiency Space": A Framework for Evaluating Joint Evaporation and Runoff Behavior. Bulletin of the American Meteorological Society, 2015, 96 (3): 393-396.

[180] Waggoner P E. Climate change and US water resources. Wiley, 1990, 89 (94): 129-130.

[181] Chen J, Jun X, Zhao C, et al. The mechanism and scenarios of how mean annual runoff varies with climate change in Asian monsoon areas. Journal of Hydrology, 2014, 517: 595-606.

[182] Sankarasubramanian A, Vogel R M, Limbrunner J F. Climate elasticity of streamflow in the United States. Water Resources Research, 2001, 37 (6): 1771-1781.

[183] Riahi K, Rao S, Krey V, et al. RCP 8.5—A scenario of comparatively high greenhouse gas emissions. Climatic Change, 2011, 109 (1-2): 33.

[184] Vuuren D P V, Edmonds J, Kainuma M, et al. The representative concentration pathways: An overview. Climatic Change, 2011, 109 (1-2): 5.

[185] Xu C Y, Singh V P. Cross comparison of empirical equations for calculating potential evapotranspiration with data from Switzerland. Water Resources Management, 2002, 16 (3): 197-219.

[186] Boczon A, Brandyk A, Wrobel M, et al. Transpiration of a stand and evapotranspiration of Scots pine ecosystem in relation to the potential evapotranspiration estimated with different methods. SYLWAN, 2015, 159 (8): 666-674.

[187] Bruin H D, Lablans W N. Reference crop evapotranspiration determined with a modified Makkink equation. Hydrological Processes, 1998, 12 (7): 1053-1062.

[188] Winter T C, Rosenberry D O, Am Sturrock. Evaluation of 11 equations for determining evaporation for a small lake in the north central United States. Water Resources Research, 1995, 31 (4): 983-993.

[189] Xu C, Chen D. Comparison of seven models for estimation of evapotranspiration and groundwater recharge using lysimeter measurement data in Germany. Hydrological Processes, 2005, 19 (18): 3717-3734.

[190] Davie J C S, Falloon P D, Kahana R, et al. Comparing projections of future changes in runoff from hydrological and biome models in ISI-MIP. Earth System Dynamics, 2013, 4: 359-374.

[191] Liu W, Sun F. Assessing estimates of evaporative demand in climate models using observed pan evaporation over China. Journal of Geophysical Research: Atmospheres, 2016, 121 (14): 8329-8349.

[192] Alexander L V, Zhang X, Peterson T C, et al. Global observed changes in daily climate extremes of temperature and precipitation. Journal of Geophysical Research, 2006, 111: 1-22.

[193] Sun Q, Miao C, Duan Q. Projected changes in temperature and precipitation in ten river basins over China in 21st century. International Journal of Climatology, 2015, 35 (6): 1125-1141.

[194] Arnell N W, Gosling S N. The impacts of climate change on river flow regimes at the global scale. Journal of Hydrology, 2013, 486: 351-364.

[195] Silberstein R P, Aryal S K, Durrant J, et al. Climate change and runoff in south-western Australia. Journal of Hydrology, 2012, 475: 441-455.

[196] Liu C, Zheng H. Hydrological cycle changes in China's large river basin: The Yellow River drained dry. In Climatic change: Implications for the hydrological cycle and for water management. Springer Netherlands, 2002: 209-224.

[197] Li J, Chen Y, Zhang L, et al. Future Changes in Floods and Water Availability across China: Linkage with Changing Climate and Uncertainties. Journal of Hydrometeorology, 2016, 17(4):

1295-1314.

[198] Hawkins E D, Sutton R. The potential to narrow uncertainty in regional climate predictions. Bulletin of the American Meteorological Society, 2009, 90（8）: 1095-1107.

[199] Yang D, Shao W, Yeh P J F, et al. Impact of vegetation coverage on regional water balance in the nonhumid regions of China. Water Resources Research, 2009, 45: 1-13.

[200] Milly P C D. Climate, soil water storage, and the average annual water balance. Water Resources Research, 1994, 30（7）: 2143-2156.

[201] Liu J, Zhang Q, Zhang Y, et al.Deducing climatic elasticity to assess projected climate change impacts on streamflow change across China. Journal of Geophysical Research: Atmospheres, 2017, 122（19）: 1-18.

[202] Li D, Pan M, Cong Z, et al. Vegetation control on water and energy balance within the Budyko framework. Water Resources Research, 2013, 49（2）: 969-976.

[203] Abatzoglou J T, Ficklin D L. Climatic and physiographic controls of spatial variability in surface water balance over the contiguous United States using the Budyko relationship. Water Resources Research, 2017, 53（9）: 7630-7643.

[204] Xu X, Liu W, Scanlon B R, et al. Local and global factors controlling water-energy balances within the Budyko framework. Geophysical Research Letters, 2013, 40（23）: 6123-6129.

[205] Zhang L, Dawes W, Walker G R. Response of mean annual evapotranspiration to vegetation changes at catchment scale. Water Resources Research, 2001, 37（3）: 701-708.

[206] Donohue R J, Roderick M L, Mcvicar T R. Can dynamic vegetation information improve the accuracy of Budyko's hydrological model? Journal of Hydrology, 2010, 390: 23-34.

[207] Wei X, Li Q, Zhang M, et al. Vegetation cover-another dominant factor in determining global wate resources in forested regions. Global Change Biology, 2017, 24（2）: 786-795.

[208] 孙福宝, 杨大文, 刘志雨, 等. 基于 Budyko 假设的黄河流域水热耦合平衡规律研究. 水利学报, 2007, 38（4）: 409-416.

[209] Yang D, Sun F, Liu Z, et al. Analyzing spatial and temporal variability of annual water-energy balance in nonhumid regions of China using the Budyko hypothesis. Water Resources Research, 2007, 43（4）: 1-12.

[210] Gentine P, D'odorico P, Lintner B R, et al. Interdependence of climate, soil, and vegetation as constrained by the Budyko curve. Geophysical Research Letters, 2012, 39（19）: 1-16.

[211] Chen X, Alimohammadi N, Wang D. Modeling interannual variability of seasonal evaporation and storage change based on the extended Budyko framework. Water Resources Research, 2013, 49（9）: 6067-6078.

[212] Berghuijs W R, Woods R A. A simple framework to quantitatively describe monthly precipitation and temperature climatology. International Journal of Climatology, 2016, 36（9）: 3161-3174.

[213] 杨汉波, 吕华芳, 杨大文, 等. 水热同步性对流域水热耦合平衡的影响. 水利发电学报, 2012, （4）: 54-59.

[214] Pan M, Sahoo A K, Troy T J, et al. Multisource Estimation of Long-Term Terrestrial Water Budget for Major Global River Basins. Journal of Climate, 2012, 25（9）: 3191-3206.

[215] Buermann W. Analysis of a multiyear global vegetation leaf area index data set. Journal of Geophysical Research, 2002, 107 (D22): 14-16.

[216] Choudhury B. Evaluation of an empirical equation for annual evaporation using field observations and results from a biophysical model. Journal of Hydrology, 1999, 216 (1): 99-110.

[217] Wang D, Alimohammadi N. Responses of annual runoff, evaporation, and storage change to climate variability at the watershed scale. Water Resources Research, 2012, 48 (5): 5546.

[218] Legates D R, Mccabe G J. Evaluating the use of "goodness-of-fit" measures in hydrologic and hydroclimatic model validation. Water Resources Research, 1999, 35 (1): 233-241.

[219] Gutman G, Ignatov A. The derivation of the green vegetation fraction from NOAA/AVHRR data for use in numerical weather prediction models. International Journal of Remote Sensing, 1998, 19 (8): 1533-1543.

[220] Woods R. The relative roles of climate, soil, vegetation and topography in determining seasonal and long-term catchment dynamics. Advances in Water Resources, 2003, 26 (3): 295-309.

[221] Zhang D, Cong Z, Ni G, et al. Effects of snow ratio on annual runoff within the Budyko framework. Hydrology and Earth System Sciences, 2015, 19 (4): 1977-1992.

[222] Hickel K, Zhang L. Estimating the impact of rainfall seasonality on mean annual water balance using a top-down approach. Journal of Hydrology, 2006, 331 (3-4): 409-424.

[223] Hoyos C D, Webster P J. The role of intraseasonal variability in the nature of Asian monsoon precipitation. Journal of Climate, 2007, 17 (20): 4402-4424.

[224] Berghuijs W R, Larsen J R, Emmerik T V, et al. A Global Assessment of Runoff Sensitivity to Changes in Precipitation, Potential Evaporation, and Other Factors. Water Resources Research, 2017, 53: 8475-8486.

[225] Donohue R J, Roderick M L, Mcvicar T R. On the importance of including vegetation dynamics in Budyko's hydrological model. Hydrology and Earth System Sciences, 2006, 11 (2): 983-995.

[226] Koster R D, Suarez M J. A simple framework for examining the interannual variability of land surface moisture fluxes. Journal of Climate, 1999, 12 (7): 1911-1917.

[227] Liu Q, Mcvicar T R, Yang Z, et al. The hydrological effects of varying vegetation characteristics in a temperate water-limited basin: Development of the dynamic Budyko-Choudhury-Porporato (dBCP) model. Journal of Hydrology, 2016, 543: 595-611.

[228] Potter N J, Zhang L. Interannual variability of catchment water balance in Australia. Journal of Hydrology, 2009, 369: 120-129.

[229] Sankarasubramanian A, Vogel R M. Annual hydroclimatology of the United States. Water Resources Research, 2002, 38 (6): 1-12.

[230] Zhang L, Potter N J, Hickel K, et al. Water balance modeling over variable time scales based on the Budyko framework-Model development and testing. Journal of Hydrology, 2008, 360: 117-131.

[231] Eltahir E A B, Yeh J F. On the asymmetric response of aquifer water level to floods and droughts in Illinois. Water Resources Research, 1999, 35 (4): 1199-1217.

[232] Wang D. Evaluating interannual water storage changes at watersheds in Illinois based on

long-term soil moisture and groundwater level data. Water Resources Research，2012，48（48）：31-40.

[233] Yeh J F，Famiglietti J S. Regional terrestrial water storage change and evapotranspiration from terrestrial and atmospheric water balance computations. Journal of Geophysical Research Atmospheres，2008，113（D9）：1-13.

[234] Yokoo Y，Sivapalan M，Oki T. Investigating the roles of climate seasonality and landscape characteristics on mean annual and monthly water balances. Journal of Hydrology，2008，357（3）：255-269.

[235] Zeng R，Cai X. Assessing the temporal variance of evapotranspiration considering climate and catchment storage factors. Advances in Water Resources，2015，79：51-60.

[236] Jaramillo F，Destouni G. Local flow regulation and irrigation raise global human water consumption and footprint. Science，2015，350（6265）：1248-1251.

[237] Gudmundsson L，Greve P，Seneviratne S I. The sensitivity of water availability to changes in the aridity index and other factors-A probabilistic analysis in the Budyko space. Geophysical Research Letters，2016，43（13）：6985-6994.

[238] Van D S P，Groenendijk P，Vlam M，et al. No growth stimulation of tropical trees by 150 years of CO_2 fertilization but water-use efficiency increased. Nature Geoscience，2015，8（1）：24-28.

[239] Woodward C，Shulmeister J，Larsen J，et al. Landscape hydrology. The hydrological legacy of deforestation on global wetlands. Science，2014，346（6211）：844-847.

[240] Zhang Y，Pan M，Sheffield J，et al. A Climate Data Record（CDR）for the global terrestrial water budget：1984-2010. Hydrology and Earth System Sciences，2018：241-263.

[241] 傅抱璞. 论陆面蒸发的计算. 大气科学，1981，（1）：23-31.

[242] Ye S，Li H，Li S，et al. Vegetation regulation on streamflow intra-annual variability through adaption to climate variations：Vegetation Regulates Runoff Seasonality. Geophysical Research Letters，2015，42（23）：10307-10315.

[243] Oki T，Kanae S. Global Hydrological Cycles and World Water Resources. Science，2006，313（5790）：1068-1072.

[244] Franklin C，Kader G，Mewborn D，et al. Guidelines for assessment and instruction in statistics education（GAISE）Report：A pre-K-12 curriculum framework. American Statistical Association，2007：1369-1377.

[245] Kader G D. Means and MADs. Mathematics Teaching in the Middle School，1999，4（6）：398-403.

[246] Koster R D，Fekete B M，Huffman G J，et al. Revisiting a hydrological analysis framework with International Satellite Land Surface Climatology Project Initiative 2 rainfall，net radiation，and runoff fields. Journal of Geophysical Research，2006，111（D22）：1-12.

[247] Milly P C D，Betancourt J L，Falkenmark M，et al. Stationarity Is Dead：Whither Water Management？Science，2008，319（5863）：573-574.

[248] Wagener T，Sivapalan M，Troch P，et al. The future of hydrology：An evolving science for a changing world. Water Resources Research，2010，46（5）：1369-1377.